云计算关键技术发展
与创新应用研究

张义明◎著

U0157048

吉林科学技术出版社

图书在版编目（CIP）数据

云计算关键技术发展与创新应用研究 / 张义明著
. -- 长春：吉林科学技术出版社，2022.11
ISBN 978-7-5578-9974-5

Ⅰ. ①云… Ⅱ. ①张… Ⅲ. ①云计算－研究 Ⅳ.
①TP393.027

中国版本图书馆CIP数据核字(2022)第209307号

云计算关键技术发展与创新应用研究

著　　　　张义明
出 版 人　宛　霞
责任编辑　李海燕
封面设计　刘梦杏
制　　版　长春美印图文设计有限公司
幅面尺寸　185mm×260mm　1/16
字　　数　150 千字
页　　数　176
印　　张　11
印　　数　1-1500 册
版　　次　2022 年 11 月第 1 版
印　　次　2023 年 3 月第 1 次印刷

出　　版　吉林科学技术出版社
发　　行　吉林科学技术出版社
地　　址　长春市净月区福祉大路 5788 号
邮　　编　130118
发行电话 / 传真　0431-81629529　81629530　81629531
　　　　　　　　　81629532　81629533　81629534
储运部电话　0431-86059116
编辑部电话　0431-81629518
印　　刷　三河市嵩川印刷有限公司

书　　号　ISBN　978-7-5578-9974-5
定　　价　80.00 元

版权所有　翻印必究　举报电话：0431-81629508

前 言
PREFACE

  信息时代的到来使得人们的生活方式发生了翻天覆地的变化，信息化数据及其相关技术为人们的各种活动提供着便利，而这也正是大数据的作用。在依托互联网信息系统而开展的一系列活动中，产生了大量的数据，随着技术的创新发展，数据的规模和数量也越来越多，为了能够将所有数据进行及时有效的处理，云计算技术应运而生。云计算技术是在互联网之下形成的交付方式之一，可以满足多个领域的工作生产需要，以实现对数据信息的高效处理。云计算技术改变了传统的商业模型以及工作方式，在当前的社会技术应用中占有重要的地位。

  基于此，本书以"云计算关键技术发展与创新应用研究"为题，全书共设置七章：第一章研究方向为云计算及其基本架构，主要内容包括云计算的特征与类型、云计算服务的基本架构、云计算的商业价值与模式；第二章探究云计算虚拟化技术，主要内容包括虚拟化的发展与分类、虚拟化及其结构模型、虚拟化技术解决方案；第三章解析云计算管理平台技术，主要包括云管理平台及其功能、云管理平台特点与技术、常见云管理平台分析；第四章探究云计算数据处理技术，主要内容包括云计算与大数据、分布式数据存储技术、并行编程与海量数据管理；第五章探索云计算安全及其威胁、云计算安全责任与标准、云安全策略与解决方案；第六章分析云计算应用软件的开发与实现，主要内容包括云计算应用软件的开发、云平台用户服务功能开发与实现、云平台虚拟机服务功能开发与实现；第七章研究云计算系统的创新应用，主要内容包括开源云计算系统的应用分析、云计算数据中心的创新应用。

  本书从云计算最基本的概念出发，由浅入深、层层递进地对云计算、云服务等基本概念进行了细致讲解，而且从云计算的实现上，分析了当今主流的云计算虚拟化技术、云管理平台与云计算数据处理技术，并针对不同的云计算开发与创新应用，结合具体的实例进行分析。

  本书的撰写得到了许多专家学者的帮助和指导，在此表示诚挚的谢意。由于笔者水平有限，加之时间仓促，书中所涉及的内容难免有疏漏与不够严谨之处，希望各位读者多提宝贵意见，以待进一步修改，使之更加完善。

前言
PREFACE

目 录
CONTRNTS

第一章　云计算及其基本架构

在互联网的基础上，相关服务的增加、使用和交付模式即云计算，它借助互联网为用户提供动态、虚拟化的资源，国内外知名的大企业都在进行云计算架构的相关研究，云服务无疑将成为IT企业未来的主要盈利模式之一。基于此，本章主要阐述云计算的特征与类型、云计算服务的基本架构、云计算的商业价值与模式。

第一节　云计算的特征与类型

云计算发展至今，已经成为新兴技术产业中最炙手可热的领域，受到媒体、企业和高校的广泛关注。由于各种云计算产品不断更新，相关产业基地也在发展壮大，再加上政府的政策支持，IT行业的新模式——云计算，知名度越来越高，作为互联网的新模式，越来越广泛地被应用于人们的日常工作和生活中。云计算正在悄然无声地改变着人们的生产和生活方式。

2007年以来，云计算作为IT行业的新模式，受到越来越多人的关注，成为热点话题，目前很多大型企业和互联网建设都在考虑将未来发展的重心放在云计算方面。云计算的不断发展，可以说是技术领域的一次革命，催生了新的互联网服务模式。

当前，国内外的云计算都在蓬勃发展，云计算相关产品和服务也层出不穷，应用于多个行业和领域。

从本质上来看，云计算是一种虚拟计算资源，能够自我维护和管理，由多个大型服务器组成，包括计算服务器、存储服务器、宽带资源等。云计算集中了各种计算资源，在特定软件上进行自我管理，不需要人干预。用户可以随时获取所需资源，各种应用程序都可以运转，不用在意无关紧要的细节，便于用户集中精力处理业务，工作效率大大提高，同时也降低了成本。

云计算有不同的类型，每种类型都独具特色，没有办法用某个统一的概念将所有云计算的特点概括出来。只有找出所有云计算都具有的典型特征，结合商业模式的特殊性，才能得出比较全面的概念。

一、云计算的特征

云计算是一种新型的计算模式，具有可扩展性、灵活自如、根据需要使用等特点，受到学界和业界的一致好评。

云计算的基本特点主要有以下五个方面：

（1）提供自助服务，客户可以根据自身需要使用。客户不需要和提供云计算服务的开发商交流，可以直接获取相关服务器、网络存储、计算能力等资源，也可以根据自身需要将不同资源组合。

（2）网络访问方式多样化。客户可以使用多种类型的客户端在互联网上访问资源池，如手机、平板电脑、工作站点等。

（3）资源池客户不需要了解资源的具体位置，可以根据自身需要直接从资源池中获取各种计算资源，资源池也可以动态扩展，进行自我分配。

（4）速度快且弹性大。云计算提供的计算能力在分配和释放方面弹性大，如有需求也可以自动快速伸缩。换句话说，计算能力的分配通常是没有限制的，打破了时间和数量的限制。

（5）可评测的服务。根据存储、处理、活跃用户账号等方面的具体情况，云计算系统可以自动控制，使资源分配更合理，还可以为客户提供数据服务，让服务更加透明化。

（6）将云计算与网格计算、全局计算以及互联网计算等多种计算模式相比，云计算的客户界面友好。客户在使用云计算时，可以遵照先前的工作习惯，保留原来的工作环境，只要安装较小的云客户端软件就可以，占用内存小，安装成本也比较低。云计算的界面和客户所在的地理位置没有直接关系，利用类似于Web服务框架和互联网浏览器等成熟的界面就可以直接访问，没有时间地点的限制，更加安全可靠，用户能够更便捷地享受云计算提供的各种资源和服务。

（7）根据需要配置服务资源。云计算提供的资源和服务完全根据客户自身的需求或购买权限，客户在选择计算环境时可以结合自身的具体情况，而且享有管理特权。

（8）能够保证服务质量。云计算为客户提供的计算环境质量都有保证，客户完全不需要担心质量问题，底层基础设施建设和维护等方面都安全可靠。

（9）拥有独立系统。云计算这一系统完全独立，管理模式也是透明化的。云中软件、硬件和数据可以实现自动化配置和强化，客户看到的也是单一的平台。

（10）具有可扩展性和极大的弹性。这是云计算最重要的特征，也是将云计算和其他计算区分开来的本质特征。云计算服务可以向多方面扩展，如地理位置、硬件功能、软件配置等。而且云计算具有极大的弹性，能够满足客户多样化的需求。

二、云计算的类型

云计算这一新型的IT模式为客户提供服务和资源时要通过互联网。云计算可以根据客户的需求，灵活地将各种软件和硬件资源提供给客户。当前，大多数大型IT企业、互联网提供商和电信运营商都积极进军云计算领域，提供云计算服务。根据部署方式的不同，云计算可以分为公有云、私有云、社区云和混合云几种类型。

（一）公有云

公有云，又称为公共云，即传统主流意义上所描述的云计算服务。"随着信息化技术及云计算技术的发展和普及，企业的传统客户关系管理和拓展方式弊端日益凸显，亟须通过信息化技术来提高效率。"[①]目前，大多数云计算企业主打的云计算服务就是公有云服务，一般可以通过互联网接入使用。此类云面向一般大众、行业组织、学术机构、政府机构等，由第三方机构负责资源调配。例如，Google APP Engine，IBM Develop Cloud，以及2013年正式落地中国的微软Windows Azure，都属于公有云服务范畴，公有云的核心属性是共享资源服务。

1.公有云的优势

第一，灵活性。公有云模式下，用户几乎可以立即配置和部署新的计算资源，用户可以将精力和注意力集中于更值得关注的方面，提高整体商业价值。且在之后的运行中，用户可以更加快捷方便地根据需求变化进行计算资源组合的更改。

第二，可扩展性。当应用程序的使用或数据增长时，用户可以轻松地根据需求进行计算资源的增加。同时，很多公有云服务商提供自动扩展功能，帮助用户自动完成增添计算实例或存储。

第三，高性能。当企业中部分工作任务需要借助高性能计算（HPC）时，企业如果选择在自己的数据中心安装HPC系统，将会是十分昂贵的。而公有云服务商可以轻松部署，且在其数据中心安装最新的应用与程序，为企业提供按需支付使用的服务。

第四，低成本。由于规模原因，公有云数据中心可以取得大部分企业难以企及的经济效益，公有云服务商的产品定价通常也处于一个相当低的水平。除了购买成本，通过公有云，用户同样可以节省其他成本，如员工成本、硬件成本等。

2.公有云的劣势

第一，安全问题。当企业放弃他们的基础设备并将其数据和信息存储于云端时，很难

---

① 李貌.基于公有云的中小企业获客系统设计与实现[J].信息系统工程，2021（2）：27-29.

保证这些数据和信息会得到足够的保护。同时，公有云庞大的规模和涵盖用户的多样性也让其成为黑客们喜欢攻击的目标。

第二，不可预测成本。按使用付费的模式其实是把双刃剑，一方面它确实降低了公有云的使用成本，但另一方面也带来一些难以预料的花费。

（二）私有云

私有云的使用范围仅限于企业或组织内部。使用私有云，能够对安全性和服务质量严格把关。私有云的运营和管理通常由企业或第三方机构负责，二者也可以联合运营和管理。例如，国内比较典型的私有云服务有支持思爱普（SAP）服务的中化云计算和快播私有云。私有云的核心属性是专有资源。

1.私有云的优势

第一，安全性。通过内部的私有云，企业可以控制其中的任何设备，从而部署任何安全措施。

第二，法规遵从。在私有云模式中，企业可以确保其数据存储满足任何相关法律法规。而且，企业能够完全控制安全措施，必要时可以将数据保留在一个特定的地理区域。

第三，定制化。内部私有云还可以让企业能够精确地选择进行自身程序应用和数据存储的硬件，不过实际上往往由服务商提供这些服务。

2.私有云的劣势

第一，总体成本。由于企业购买并管理自己的设备，因此私有云不会像公有云那样节约成本。且在私有云部署时，员工成本和资本费用依然很高。

第二，管理复杂性。企业建立私有云时，需要自己进行私有云中的配置、部署、监控和设备保护等一系列工作。此外，企业还需要购买和运行用来管理、监控和保护云环境的软件。而在公有云中，这些事务将由服务商来解决。

第三，有限灵活性、扩展性和实用性。私有云的灵活性不高，如果某个项目所需的资源尚不属于目前的私有云，那么获取这些资源并将其增添到云中的工作可能会花费几周期至几个月的时间。同样，当需要满足更多的需求时，扩展私有云的功能也会比较困难，而实用性则需要由基础设施管理和连续性计划及灾难恢复计划工作的成果决定。

（三）混合云

混合云就是将单个或多个私有云和单个或多个公有云结合为一体的云环境。混合云兼具公有云和私有云的功能。混合云内部的各个云之间彼此保持独立，但不同云的数据和应用也具有交互性。混合云的运营和管理通常由多个内外部的提供商负责。

混合云的独特之处：混合云集成了公有云强大的计算能力和私有云的安全性等优势，让云平台中的服务通过整合变为更具备灵活性的解决方案。混合云弥补了公有云和私有云的不足之处，比如公有云在安全和控制方面存在问题，私有云价格较高、可以扩展的方面有限。如果公有云无法满足企业的需求，可以在公有云环境中构建私有云，从而实现混合云。

（四）社区云

社区云可以说是公有云的一种类型，它主要针对在隐私、安全和政策等方面具有共同需求的多个组织内部。社区云的运营和管理通常由参与组织或第三方组织负责。比较典型的社区云，如"深圳大学城云计算服务平台"，是国内第一家提供社区云计算服务的平台，主要为深圳大学城园区提供服务，此外还有阿里旗下的phpwind云。

社区云的特点主要包括：区域性和行业性；有限的特色应用；资源的高效共享；社区内成员的高度参与性。

第二节　云计算服务的基本架构

云计算是一种商业计算模型，它将计算任务分布在大量计算机构成的资源池上，使用户能够按需获取计算力、存储空间和信息服务。美国国家标准和技术研究院提出云计算的三个基本框架（服务模式），即基础设施即服务、平台即服务、软件即服务。

一、基础设施即服务

基础设施即服务（IaaS），是云计算架构的重要组成部分，在架构当中处于最底层。IaaS的功能是提供存储服务、虚拟服务器以及其他与计算有关的资源。IaaS通过提供功能，可以协助用户处理计算资源定制过程中遇到的问题。用户可以利用购买的方式获得部署权限、操作系统权限、访问应用程序的权限。获取权限之后，用户不需要付出额外的精力对基础设施进行维护或者管理。除此之外，用户也可以在权限允许范围内对网络组件做出更改，让组件更好地满足自身的使用需求。该层通常按照所消耗资源的成本进行收费。

（一）IaaS的基本功能

当云服务提供商不同时，云服务所使用的基础设施也会有所不同。但是，所有的云服务提供商所提供的底层基础资源服务一般情况下会显现出普遍特征。具体来讲，基础设施层具备的功能有：

1.资源抽象

基础设施层的建设过程中，首先需要解决的是硬件资源。基础设施层建设需要利用到存储设备、服务器设备等硬件资源。基础设施层想要做到更高层次的资源管理，需要抽象化处理资源，这样才能建立资源管理逻辑。抽象化处理资源是对硬件资源做出虚拟化的处置。

虚拟化过程中，首先要忽略硬件产品存在的不同之处，其次要为所有的硬件资源配备一致的数据接口，对所有的硬件资源使用一致的管理逻辑。如果基础设施层使用的逻辑有差异，那么即使资源类型相同，资源在虚拟化的过程中也会展现出较大的不同。

分析具体的业务逻辑以及实际工作需要使用到的基础设施层服务接口，可以发现资源的抽象化处理需要涉及多个层次。举例来说，目前资源模型当中涉及的资源抽象层次主要有虚拟机、云以及集群。基层设施层的构建需要以资源抽象作为前提和基础。资源抽象化处理的过程中，需要解决的首要核心问题就是如何从全局角度出发对各种各样品牌、各种各样型号资源展开抽象化处理，并且将资源呈现给用户。

2.资源监控

资源监控功能直接影响到基础设施层的工作效率，想要实现负债管理，必须做到资源监控、基础设施层使用的资源监控方法多种多样，通常情况下，基础设施层会监控中央处理器的使用率，会监测其他存储器的使用率以及监控读写操作。除此之外，基础设施层还会监控网络的输入情况、输出情况、路由状态。

想要实现资源监控，需要先借助资源抽象模型去构建资源监控模型，有了模型之后，资源监控内容、资源监控属性就会变得更加清晰准确。具体分析资源监控可以发现，它有多个抽象层次、多种粒度。一般情况下，典型资源监控是监控解决方案，而且监控是从全局角度出发的，解决方案当中涉及很多虚拟资源，在对不同组成部分进行监控之后所获得的结果就是整体监控结果。分析监控结果，用户可以了解准确的资源运用情况，也可以制订适合的措施调整方案。

3.负载管理

因为基础设施层当中涉及大量的资源集群，所以基础设施层的节点面临非均匀分布的负载。

如果节点能够保持合理的资源利用率，那么即使出现了负载不均匀的情况，也并不会引起更为严重的问题。但是，如果节点没有办法保持合理的利用率或者不同节点之间呈现出了较大的负载差异，就会导致出现严重问题。假如大多数的节点都处于负载较低的状态，资源就会被大量浪费，此时，基础设施层就需要启动自动化负载平衡机制。该机制的作用是提升资源使用率，关闭不被利用的资源。假如资源利用率呈现出较大的差异，就会有一部分节点面临过高的负载，这时，上层服务性能会直接受到不良影响。与此同时，一部分节点面临过低的负载，资源没有办法发挥作用。在这样的情况下，需要利用自动负载平衡机制转移节点负载。通过转移的方式，所有节点将会面临更加合理的负载，所有的资源也将会得到充分利用。

4.存储管理

云计算环境当中，有多种多样的数据种类需要被软件系统处理，比如说非结构化形式的二进制数据、结构化形式的XML数据、低级关系类型的数据库数据都是需要被软件处理的数据，当基础设计层具备的功能有所差异时，数据管理也会面临较大的不同。基础设施层当中包括很多以数据为中心的规模比较大的服务器集群，而且服务器集群可能来自不同的数据中心，在此种情况下，基础设施层要求数据要具备完整性特征、可靠性特征，并且数据必须可管理。

5.资源部署

资源部署是指遵照自动化部署流程进行资源转运，让资源可以被上层应用使用的资源转移过程。如果虚拟化的硬件资源环境已经基本构建完成，那么就应该开始初步作出资源部署。除此之外，应用开始真正运行的时候，也会发生二次或者更多次的资源部署。多次的资源部署是为了让上层应用提出的资源需求可以得到有效满足。总的来看，在运行过程中需要展开多次动态的资源部署。

动态部署涉及很多应用场景，所有场景当中最为经典的是基础设施层动态可伸缩性的实现场景。也就是可以通过云的应用，快速地调整部署，以满足用户提出的需求或者满足服务状况出现的变化。如果用户面临过高的负载工作，那么通过动态部署，用户可以扩张服务实例的数量，可以自主获取相应的资源。一般情况下，伸缩操作完成速度非常快，而且规模变大时，操作的复杂程度并不会随之增加。

除此之外，还有一个经典场景，那就是故障恢复以及硬件维护。因为云计算涉及很多数量很大规模的服务器，所以云计算这一分布式系统当中经常会出现一些硬件故障。在故障修复或者硬件维护的过程中，需要将有故障的硬件暂时移除，此时就需要基础设施层复制原来服务器的数据以及原来服务区的所处环境，才能快速修复云计算分布式系统所遇到的故障，保证分布式系统始终提供有效服务。

如果基础设施层使用了不同的技术，那么资源部署使用的方法也会有所不同。如果基础设施层使用了服务器虚拟化技术，那么资源部署将会更容易。但是，如果没有使用技术，而是单纯地依靠传统的物理环境，那么资源部署操作将会更加困难。

6.安全管理

安全管理的目的是保证基础设施资源可以合法利用。个人电脑为了保证电脑自身数据的安全、程序的稳定，通常会设置防火墙来预防其他潜在的威胁。数据中心也是一样，会专门设置防火墙，并且设置隔离区。隔离区设置的目的是阻止其他恶意程序的访问和入侵。云计算当中有很多的数据，所以，必须设置安全级别特别高的保护机制，并且跟踪所有数据操作。

云环境相对开放，用户可以更简单容易地执行相关程序和操作。但是，这也为一些恶意代码提供了机会。相比于传统的程序，云环境当中程序的运行以及资源的使用更加特殊。所以，当下的程序管理人员需要解决的问题是如何对云计算环境当中的代码行为进行控制，如何识别和阻止恶意代码。与此同时，管理人员也要考虑到如何更好地保证云环境当中的数据安全，以避免工作人员泄露数据。

7.计费管理

云计算会根据使用量计费。云计算可以对上层使用情况进行监控，并且计算某个时间段当中存储资源的消耗情况、网络资源的消耗情况，计算出的结果就是具体的收费依据。如果传输任务涉及大量的数据，那么单纯地依靠网络传输可能要面临更大的费用，而且传输时间比较久。在这样的情况下，云计算可以转换数据提供方式，可以将数据存储在可以移动的设备当中，然后通过快递运输设备的方式传输数据。这样的传输方式既能够完成相关的业务，也能够帮助用户节约数据传输费用。

（二）IaaS的优势分析

相对于传统的企业数据中心，IaaS服务在某些方面显现出了优势。具体来讲，优势主要体现在以下五个方面：

第一，成本比较低。IaaS服务的提供并不需要用户单独购买硬件，也就是说，用户可以避免资金的投入。除此之外，用户需要根据使用情况缴费，这在一定程度上避免了资金的闲置浪费。而且，IaaS还提供突发性服务，用户并不需要提前购买服务。

第二，用户不需要维护系统。维护工作主要由云计算服务商负责。

第三，IaaS应用可以在服务平台当中灵活迁移。在制定了云计算技术标准之后，IaaS应用可以跨越平台迁移，也就是说，某一个应用不再独属于某一个企业数据中心，应用可以被灵活地运用在各个服务平台上。

第四，有较强的伸缩性。IaaS在提供计算资源时，只需要几分钟就可以做到资源更新。但是，传统数据中心所需要的时间更长。

第五，支持的应用比较广泛。IaaS在提供资源时，主要使用虚拟机的方式，此种方式使得IaaS可以在多种多样的操作系统当中应用。因此，它的应用范围相对广泛。

（三）IaaS的主要产品

最具代表性的IaaS产品有Amazon EC2、IBM Blue Cloud和阿里云等。

（1）Amazon EC2。EC2（Elastic Compute Cloud）主要以提供不同规格的计算资源（也就是虚拟机）为主。通过Amazon的各种优化和创新，EC2不论是在性能上还是在稳定性上都已经满足企业级的需求。同时，EC2还提供完善的API和Web管理界面来方便用户使用。

（2）IBM Blue Cloud。也就是蓝云计划，该计划是首个业界企业级解决方案，使用该解决方案可以整合当下企业使用的基础架构，并且可以帮助企业利用虚拟化技术或者自动化管理技术创建云计算中心。在该计划的辅助下，企业可以统一管理、分配、部署、备份以及监控企业的硬件资源、软件资源。可以说，借助云计算，企业享受到更多的便利。

（3）阿里云。作为国内市场最大的IaaS提供商，阿里云计算基础服务功能主要包括弹性计算功能、数据库产品、存储与CDN服务、分析、云通信、网络、管理与监控产品、应用服务、互联网中间件、移动服务、视频服务等模块。阿里云自主掌控核心技术，拥有业界最为完善的云产品体系，并经历了大规模案例的实证。企业可以根据自身的业务需求来购买相应的功能，从而形成一个符合发展战略的产品组合。目前，阿里云已经在全球主要互联网市场形成云计算基础设施覆盖。

二、平台即服务

平台即服务（PaaS），位于云计算三层服务架构的最中间，它的作用是为用户搭建能够连接互联网的应用开发平台或者构建应用开发环境，为应用的创建提供需要的软件资源、硬件资源或者工具资源。在此种层面当中，服务商会直接提供具备逻辑或者具备IT能力的资源，比如，文件系统、数据库。用户可以借助平台部署应用的开发程序。但是，所有的运作都需要遵循平台设置的规定，通常按照用户或登录情况计费。

（一）PaaS的核心功能

分析云计算平台和传统应用平台可以发现，它们提供的服务存在某些重合之处。相比之下，云计算平台是以传统应用平台为基础，在此基础上进行理论方面的创新、实践方面的积累升级。通过创新和升级，应用的开发、应用的运行以及应用的运营都作出一定程度的变革，平台可以提供变革所需的基本功能、基本服务。

1.开发测试环境

对于平台层当中的应用来讲，平台层主要承担的是开发应用的任务。作为开发平台，应该确定应用模型，确定编程接口、代码库。也就是说，开发平台必须提供开发需要的测试环境。

应用模型中应该涉及与开发应用有关的元数据模型、编程语言以及应用打包发布格式。通常情况下，平台会依托已有的传统应用平台为基础扩建，平台可以使用当下相对受欢迎的编程语言。在语言选择上，即使平台本身的实现架构相对具有特色，在语言选择方面也应该使用现有的编程语言或者和现有编程语言类似的语言，这样开发人员才能更快地学习和掌握这门语言。应用和平台之间关联的构建需要借助元数据，举例来说，平台层的应用部署需要依托应用的元数据展开相应的配置工作。除此之外，应用运行过程中也需要依托元数据记录提供相应的服务。在确定应用打包格式的时候，需要明确代码文件以及各种各样的资源应该使用哪种方式组织起来，并且确定如何对文件进行整合，让文件变成平台认可的统一形式的文件包。

应用开发需要平台层的代码库以及API，其中代码库包括的服务内容有界面绘制服务、消息机制服务。如果代码库有非常清晰明确的定义，并且功能相对丰富，那么应用开发将会有效避免工作重复，也能够缩短开发时间。

平台层应该为用户应用的构建以及应用的测试提供环境。具体来讲，可以使用的方式有：

第一，借助网络途径为用户提供在线开发环境、测试环境。也就是借助服务器端展开相关操作，此种方式的优点在于开发人员可以直接依托平台获得良好的体验，不需要额外安置开发软件，但是，开发人员应该处在网络相对稳定并且带宽足够的环境下。

第二，为用户提供离线形式的集成开发环境。在此种环境下，开发人员可以在本地展开应用开发以及应用测试。大部分的开发人员比较适应此种模式，并从此种模式中获得更好的体验。在这种模式下，开发测试之后，开发人员需要上传应用，应用才能在平台层当中运行。

2.运行环境

应用测试应用开发之后，开发人员需要让应用正式部署上线，应用上线需要遵循以下步骤：首先，在云平台中上传设计好的应用；其次，云平台应该分析元数据信息，然后配置应用，让应用和平台建立关联。平台当中所有用户都处于独立状态，在此种情况下，开发人员没有办法提前对应用的创建作出约定，没有办法提前确定应用配置和平台层之间的结合是否会影响到其他应用的正常运行。所以，应用上线、应用配置的时候，需要对应用进行一定的验证，如此才能避免应用之间的冲突。应用配置结束之后，需要激活应用，应用才能有效运行。

平台层提供基本的应用部署激活功能。除此之外，该层还需要配备其他的高级别功能，如此一来，基础设施层提供的资源才能够得到有效利用，平台才可能为用户提供性能更高、安全性更高的应用。与传统的运行环境比较，平台层具备三个鲜明的独特特征：

第一，隔离性。具体来讲，隔离性体现在两个方面：首先，应用间隔离，指的是不同的应用彼此独立，并不会彼此干扰，应用可以独立进行业务处理、数据处理。应用间隔离可以让应用在具体的隔离工作区域当中运行，为了保证工作区域的彼此隔离，平台层需要设置管理机制，以此来控制不同应用之间的访问权限；其次，用户间隔离指的是相同解决方案中的用户彼此处于隔离状态，所有的用户都有权限对解决方案展开自主配置，并且每一个用户的自主设定不会对其他用户的配置情况产生影响。

第二，可伸缩性。具体来讲，指的是平台层可以根据具体的工作负载情况以及业务规模情况灵活分配应用所需要的存储空间以及带宽。如果工作负载比较大或者业务规模有所扩大，那么平台层会给应用分配更多的处理能力。相反，如果面临的工作负载比较小或者业务规模逐渐缩小，那么平台层给应用分配的处理能力就会有所降低。可伸缩性的重要作用是保护应用性能，充分利用资源。

第三，资源具备可复用性。具体来讲，指的是平台层可以让许多应用同时使用平台，并在平台当中存在。如果用户发现有更大的业务量，并且需要其他的资源支持，那么用户可以向平台层提出要求。平台层在收到要求申请之后，会为其分配需要的资源。当然平台层所提供的资源也有限度，平台层可以让资源反复发挥作用，这样就能够保证应用稳定可靠运行。这就需要平台层所能使用的资源数量本身是充足的，并要求平台层能够高效利用各种资源，对不同应用所占有的资源根据其工作负载变化进行实时动态的调整。

3.运维环境

在用户提出新的需求、业务出现新的形式之后，开发人员也需要进行系统更新。但是，在云计算环境下，开发人员进行升级更新时，操作更为简单。平台层可以提供自动化的流程向导，平台在提供这一功能时，需要对自身使用的应用自动化升级流程进行完善和升级创新，并制作升级补丁模型。应用开发人员如果发现应用需要更新，可以按照升级补丁模型的制作要求去制作应用升级需要的补丁。制作出补丁之后，开发人员需要将补丁上传到平台当中，并且同时提出升级请求。平台需要根据开发人员提出的请求对补丁进行解析，以此来完成应用的自动化升级。

平台需要监控应用的具体运行过程。一方面，应用开发人员需要关注应用的具体运行状况，了解应用是否出现运行错误或者运行异常状况；另一方面，平台也需要监控应用的运行状况，整体了解运行过程中系统资源的消耗情况。当平台设置不同的监控任务时，使用的技术也有所差异。比如说，监控运行状态可以借助应用响应时间、工作负载信息进行监控。

在监控资源消耗情况时，可以通过基础设施层服务信息来判断具体的消耗状况。之所以可以通过基础设施层的服务信息做出判断是因为平台层是从基础设施层获取资源，也就是说，基础设施层对各种资源的运用获取是有记录的，平台层可以通过基础设施层资源的运用情况去监控资源的消耗情况。

用户会对应用提出许多需求，市场也会不断地发展变化，市场会不断地创造新的应用，也会不断地淘汰旧的应用。所以，平台要为用户提供应用卸载功能。平台层除了将应用程序卸载之外，还需要对应用使用过程中获取的数据进行处理。一般情况下，平台层可以根据用户提出的数据处理需求使用差异化的处理策略。比如说可以直接删除数据，也可以备份数据之后再删除和卸载应用。平台应该和用户达成应用卸载方面的共识，并且签署协议，让用户了解应用卸载之后会产生哪些影响。和用户达成共识，可以避免业务操作带来的数据损失，也可以避免不必要纠纷出现。

平台层运维环境还应该涉及统计计费功能。计费功能需要包括两个内容：首先，平台层应该按照应用对资源的耗费情况计费；其次，平台层应该按照应用的访问情况计费。一般情况下，平台在为用户提供服务之前会要求开户注册账号，通过登录账号，平台可以获取用户的使用信息，在此基础上详细地计费。

（二）PaaS的优势分析

与传统的本地开发以及部署环境比较，PaaS平台体现出了六个方面的优势：

（1）开发环境友好。PaaS平台可以提供应用开发需要的工具，借助工具，用户不仅能够在本地进行应用开发，也能够远程对应用开发进行部署、设计、操作。

（2）丰富的服务。PaaS平台会以API的形式将各种各样的服务提供给上层应用。系统软件（比如数据库系统）、通用中间件（比如认证系统、高可靠消息队列系统）、行业中间件（比如OA流程、财务管理等）都可以作为服务提供给应用开发者使用。

（3）管理和监控更加精细。PaaS可以更好地管理、更好地监控应用层，统计更加准确的数值信息。通过数值信息的分析，可以更好地判断应用当下的运行状态，也能够有更精准的计费。

（4）有较强的伸缩性。PaaS平台可以自动对资源进行调整，使资源更好地适应应用的需求量。当应用负载突然提升的时候，平台会在很短时间（1分钟左右）内自动增加相应的资源来分担负载。如果度过了负载高峰期，那么平台会自动进行资源回收。

（5）多租户机制。PaaS平台具备多租户机制，在该机制的作用下，一个具体的应用实例可以同时被很多组织使用，并且不同的组织之间还会保持一定的安全距离。使用该机制，可以让一个应用实例获得更大的经济收入，与此同时，也能满足更多用户提出的特殊需要。

（6）经济性以及整合率，PaaS平台有较高的综合率。一般情况下，IaaS平台整合率为10，相比之下，PaaS平台体现出了更强的整合率以及更强的经济性能。

（三）PaaS的主要产品

PaaS非常适合于小企业软件工作室，小企业软件工作室借助于PaaS平台可以创造更有影响力的产品，而不用承担内部生产方面的经济开销。目前，PaaS的主要提供者包括Force.com、Heroku、新浪SAE等。

（1）Force.com。它是首个被建立出来的PaaS平台，它的作用是帮助企业或者其他的供应商提供环境支持、基础设施支持，让企业或者供应商可以创造出可靠性更高，并且具有伸缩性的在线应用，它使用的是多用户的架构模式。

（2）Heroku。作为最开始的云平台之一，Heroku初始是一个用于部署RubyOnRails应用的PaaS平台，但后来增加了对Java、Node.js、Scala、Clojure、Python以及（未记录在正式文件上）PHP和Perl的支持。

（3）新浪SAE。作为国内最早、最大的PaaS服务平台，它使用的是Web开发语言，开发者可以使用在线代码编辑器对应用进行开发调试或者部署。开发者可以通过团队合作的方式进行开发，不同的开发者拥有的权限不同。除此之外，它还提供存储服务、分布式计算服务，可大大降低开发者的开发成本。

三、软件即服务

软件即服务（SaaS），是最常见的云计算服务，位于云计算三层架构的顶端。软件即服务是将软件服务通过网络（主要是互联网）提供给客户，客户只需通过浏览器或其他符合要求的设备接入使用即可。SaaS所提供的软件服务都是由服务提供商或运营商负责维护和管理，客户根据自身需求进行租用，从而消除了客户购买、构建和维护基础设施和应用程序的过程。

（一）SaaS服务的特性

SaaS服务需要借助软件支持以及互联网支持。从技术角度分析或者从生物角度分析可以发现，SaaS服务和其他的传统软件不同。具体来讲，不同体现在以下六个方面：

第一，互联网特征。SaaS服务需要借助互联网为用户提供各种各样的支持，所以，它显现出了互联网技术特征。除此之外，SaaS让用户和供应商之间的距离有所降低，所以，SaaS服务在营销和支付方面体现出自身的独特特征，这一点和传统软件有较大的差异。

第二，多租户特征。通常情况下，SaaS服务会使用标准软件系统为众多的租户提供他们需要的服务。在这样的情况下，SaaS服务必须做好不同租户之间的隔离工作，为所有的用户提供数据安全保障，满足用户对服务提出的个性化需求。为此，SaaS服务平台必须有较好的性能，有较好的稳定性。

第三，服务特征。SaaS服务以互联网或者软件作为基本载体，因此，SaaS服务需要着重考虑合约签订问题、费用收取问题、质量保证问题。

第四，可扩展特征。可扩展特征代表系统有较高的并发性，能够对资源有效利用。

第五，可配置特征。SaaS会对配置进行不同的设置，以此满足用户提出的需要。但是，并不需要专门为用户独特定制。SaaS服务的运行实例使用的代码是相同的，但是配置不同，如此就可以让用户提出的个性化需求得到满足。

第六，随需应变特征。相比于传统应用程序，SaaS模式当中的应用程序更加灵活，不会被控制，也不会被封装，更能够灵活地应对需求变化。应用程序可以以动态的方式被使用，随需应变的程序可以更好地应对市场的强有力竞争，也可以抵御风险、应对挑战。

（二）SaaS服务的架构

SaaS服务在本质上是一种技术的进步，涉及SaaS服务所采用的架构。SaaS服务的架构可以分为三种，分别为多用户、多实例、多租户。其中，多租户模式具有较强的软件配置能力，在商业SaaS服务中最为常见。多用户，即不同的用户拥有不同的访问权限，但是多个用户共享同一个实例。单租户，又被称作多实例，指的是为每个用户单独创建各自的软件应用和支撑环境。通过单租户的模式，每个用户都有一份分别放在独立的服务器上的数据库和操作系统，或者使用强的安全措施进行隔离的虚拟网络环境。

多租户，也称为多重租赁技术，是一种软件架构技术，它是在探讨与实现如何在多用户的环境下共用相同的系统或程序组件，并且仍可确保各用户间数据的隔离性。

多租户是实现SaaS的核心技术之一。通常，应用程序支持多个用户，但前提是它认为所有用户都来自同一个组织，这种模型适用于未出现SaaS的时代，组织会购买一个软件应用程序供自己的成员使用。但是在SaaS和云的世界中，许多组织都将使用同一个应用程序。它们必须能够允许自己的用户访问应用程序，但是应用程序只允许每个组织自己的成员访问其组织的数据。从架构层面来说，SaaS和传统技术的重要区别就是多租户模式。

多租户是决定SaaS效率的关键因素。它将多种业务整合到一起，降低了面向单个租户的运营维护成本，实现了SaaS应用的规模经济，从而使得整个运维成本大大减少，同时使收益最大化。多租户实现了SaaS应用的资源共享，充分利用了硬件、数据库等资源，使服务供应商能够在同一时间内支持多个用户，并在应用后端使用可扩展的方式支持客户端访问，以降低成本。而对于用户而言，他们是基于租户隔离的，同时能够根据自身的独特需求实现定制。

在一个多租户的结构下，应用都是运行在同样或者是一组服务器下，这种结构被称为"单实例"架构，单实例多租户。多个租户的数据保存在相同位置，依靠对数据库分区来实现隔离操作。既然用户都在运行相同的应用实例，服务运行在服务供应商的服务器上，用户无法进行定制化的操作。因此，多租户比较适合通用类需求的客户，即不需要对主线功能进行调整或者重新配置的客户。

（三）SaaS的主要产品

SaaS是一种全新的软件应用模式，它通过互联网提供软件服务，以成本低、部署迅速、定价灵活及满足移动办公而颇受企业欢迎。SaaS产品种类众多，既有面向普通用户的，也有直接面向企业团体的，用以帮助处理工资单流程、人力资源管理、协作、客户关系管理和业务合作伙伴关系管理等。

（1）用友畅捷通——小微企业SaaS模式成功应用的典范。畅捷通隶属于中国最大的企业级软件服务公司——用友集团，畅捷通成立以来，基于SaaS模式，打造财务及管理服务平台，向小微企业提供财务专业化服务及信息化服务，致力于建立"小微企业服务生态体系"。平台服务范畴主要包括以代理记账报税为核心，涵盖审计、社保、工商代理等范畴的专业化服务。平台还为财务人员提供财税知识、培训与交流等咨询服务的会计家园社区。为小型微型企业提供财务及管理云应用服务（易代账、好会计、工作圈、客户管家等），还面向不同成长阶段的小微企业提供专业的会计核算及进销存等管理软件。该平台的建立在一定程度上，改变着中国整个财务服务产业，也提供了基于互联网的全新业务模式。

（2）金蝶云之家——中国领先的移动工作平台。作为国内老牌传统软件商，金蝶软件一直在拥抱SaaS和致力于互联网软件的转型升级，为超过100万家企业和政府组织提供云管理产品及服务，是中国软件市场的领跑者之一。作为金蝶旗下的重要产品之一，金蝶云之家定位于移动的工作平台，聚焦在"移动优先、工作全连接、平台的生态圈"三大板块，以组织、消息、社交为核心，提供移动办公SaaS应用，通过开放平台可连接企业现有业务（ERP），接入众多第三方企业级服务。

（3）八百客——中国在线CRM（客户关系管理）开拓者。八百客作为中国企业云计算、SaaS市场和技术的领导者，大型企业级客户关系管理提供商，其早期的发展源于对Salesforce.com的复制。但八百客本土化优势明显，不断满足中国企业的本土化、规范化、多元化等多种需求。当Salesforce.com在中国发展裹足不前时，八百客相继推出了包含CRM、OA、HR社交论坛等功能的企业套件，成为成熟的在线CRM供应商。

（4）XTools——打造最懂业务的销售管理平台。Xtools（客户宝）作为国内知名的客户关系管理提供商，自2004年成立以来，一直致力于SaaS模式，为中小企业提供在线CRM

产品和服务，帮助企业低成本、高效率地进行客户管理与销售管理。随着应用的深入，XTools的产品线已十分全面，企业管理软件群已经建立起来，为企业用户提供多元化的移动办公服务，并形成"应用+云服务"的整体CRM解决方案。与此同时，它还向外传播推广"企业维生素"理念，借助XTools系列软件，真正让企业体会到了科学管理对销售的重要作用。

第三节　云计算的商业价值与模式

一、云计算的商业价值

云计算在短短的几年时间里逐渐被人们所接受，并迅猛发展。"金融云""农业云""物联网云"等不断涌现，企业也纷纷搭建起了云计算平台，使得云计算成为实实在在的系统，让用户体验到具体的价值。

云计算因为自身的经济模式属性，彻底改变了传统的商业模式和业务模式，同时也带来了不同以往的商业价值。

（一）云计算的规模效应

云计算是一种由规模经济效应驱动的大规模分布式计算模式，可以通过网络向客户提供其所需要的计算能力、存储及带宽服务等可动态扩展的资源。

（1）服务器的规模。特大型数据中心拥有的服务器数量，是中型数据中心的50倍。然而，特大型数据中心的网络、管理和存储成本，只占中型数据中心各项成本总和的20%，而计算机规模达到上万台甚至上百万台的云计算，各项成本支出则可以降至中型数据中心各项成本总和的15%。

（2）网络效应。电话网络的价值与使用电话的人数存在正向变化关系，这与互联网提供的云计算服务相同。使用互联网云计算服务的人数越多，互联网云计算服务发挥的价值越大。Google拥有亿万台服务器，用户使用Google搜索产生的网络效应，构成了Google固定资产的主体。由于Google可以根据用户反馈实时修正搜索结果，不仅提高了Google搜索结果的准确率，而且充分发挥了每位用户的参与作用，确保每位用户都可以为提高Google搜索结果的准确率做出相应的贡献。

经济学中的边际成本递减理论，可以用来解释网络效应和全球访问造成的使用效益递增现象。与软件生产相似，网络产品的复制并不减损内容，却可以降低成本，而且产品复制次数越多，产品的边际成本越低。当边际成本降至零时，基本上可以实现经济学资本运作的最高效率。

（二）云计算的个性化服务

网络服务的规模与水平不同，用户的云计算需求也存在差异。考虑到信息技术部署应用与建设水平的多元化发展趋势，云计算服务为用户提供不同类型的应用组合，可以实现用户需求的个性化配置。以国内提供微世界云主机服务的云海创想信息技术为例，对于有空间存储和服务器使用需求的用户，微世界提供了一系列的基础配置云主机，共有入门级、专业级、部门级和企业级四个级别供用户选择。用户登录微世界网站，可以自主选择基础配置云主机对应的级别，下载并完成软件安装，就能在计算机硬件上激活并使用各种服务。对于有特殊安装需求的用户，可以选择应用级别的云主机配置服务。微世界在云主机内预装好了各类应用软件，用户无须再次购买、安装这些应用软件，就能享受服务。

（三）云计算的长尾效应

所谓长尾效益，是指只要产品的存储和流通的渠道足够大，冷门产品也能取得与热门产品类似的盈利效果。产品畅销可以快速占据较大的市场份额，然而，冷门产品通过拓宽市场销售渠道，增加产品接触有效客户的频次，也可以占据与热门产品相同甚至更大的市场份额。

与传统服务相比，云计算服务的竞争优势更加明显。从经济学的成本与效益角度出发，对云计算服务进行分析可以发现，使用云计算平台开发、推广新产品，可以达到边际成本递减趋近为零。由于资源不受产品种类和服务形态限制，运营商可以在投资能力允许的范围内，利用资源的自动化配置，生产种类丰富的产品，满足不同业务的差异化需求，发挥长尾效应，并从中获得持续性收益。

（四）云计算的环保优势

云计算同样还会带来环保方面的优势。虽然云计算的确需要消耗大量的资源，但是和先前的计算模式相比，在能源的使用效率方面，云计算相对高得多。所以，从长期而言，采用云计算对环境还是非常有益处的。云计算带来的环保优势主要体现在以下方面：

（1）云计算可以在不同的应用程序之间虚拟化和共享资源，以提高服务器的利用率。由于虚拟化服务器可以在云端共享，导致应用程序与操作系统需要的服务器数量减少，能够做到在绿色、清洁、节能、环保的基础上，实现空间资源的有效利用。

（2）计算资源集中化有助于提高效率。传统的企业数据中心工作负载运转效率极低，为了提高计算资源利用率，借助计算资源集中化实现工作负载的云端整合，可以加快数据在云计算中心的处理效率。此外，合理选择云计算中心的建设地点，也有助于降低成本、节约资源。比如，在电厂附近建设云计算中心，可以降低网络的电力耗损。在寒冷的北方建设云计算中心，可以有效节省制冷费用。

（3）云计算能够降低能源损耗。以云计算在智能电网中的应用为例，借助电力系统与信息技术的整合，电力调度与电网运行效率明显提升，将有助于改变电流在传统电网间低效传输的现象，从而有效降低电流的传输损耗。

（4）联网设备能耗降低。与台式电脑的高能耗不同，笔记本电脑、平板电脑和手机等移动终端，作为用户接入互联网的常用设备，在能耗方面不足传统台式电脑的10%，意味着能源利用效率的提升与能源消费水平的降低。

（5）云端会议减轻交通污染。利用互联网接入终端实现云端会议和在线通信，为居家办公创造实现条件。个体出行次数的减少，降低了交通工具对化石燃料的消耗，从而使得交通出行造成的环境污染能够减轻。

云计算带来的长尾效应、网络经济、环保优势和个性化服务，不仅改变了信息技术基础设施建设的整体情况，而且重塑了现代经济学观念，促进了企业营商模式的创新，引领了服务经济时代的发展，在创造商业价值的同时，实现了技术变革蕴含的社会价值。

二、云计算的效益分析

对于云计算，其收益分析主要包括四个方面：硬件、软件、自动化部署与系统化管理。

（一）硬件效益分析

云计算能节省多少成本，根据用户的不同而有所差别。但是云计算能节省用户硬件成本已经是一个不争的事实。云计算可以使用户的硬件利用率达到最大化，给用户带来巨大效益。

（1）效率效益。传统硬件存储空间的扩大与处理能力的提升，需要借助级别更高、功能更强的服务器，如高端小型机或者大型服务器才能实现。但是，伴随着网络应用系统的不断升级，服务器扩容仍然无法有效解决内存受限的问题，这为提升用户的硬件使用体验带来了诸多挑战。

此外，使用大规模应用硬件，用户需要付出的成本较高。由于高端小型机和大型服务器的建构方式极为特殊，高昂的成本超出了绝大多数用户的价格承受能力。但是，云计算的诞生彻底改变了传统的硬件平台构建方式。通过使用低成本的标准化硬件，云计算平台可以利用软件的横向扩展，构建性能稳定并且功能强大的计算平台。

在云计算中，硬件的节省来自提高服务器利用率和减少服务器的数量。在一个典型区数据中心，服务器运行单一应用程序，计算能力利用率低于20%。由于云计算的系统运行环境，有利于虚拟化的数据整合，合理运用云计算服务，既可以降低所需服务器的数量，又可以提高每台服务器的利用率，在有效节省硬件费用的同时，使得硬件升级的成本投入得到降低。

（2）节能效益。当越来越多的企业开始转向云计算，这样就不需要自己来维护服务器，相应地，服务器数量减少了，节省了电力、智能及机房的开支。

（3）市场效益。服务器整合是实施企业私有云的第一步。服务器整合可以提高IT效率，减少基础设施的支出，从而使得企业可以用更多精力和资本去发展自身业务、开拓市场，同时也提升了企业IT快速响应市场变化的能力。

（二）软件效益分析

软件即服务是云计算中的一个重要模式。与传统模式需要耗费大量资本不同，软件即服务这一模式虽然也需要为研发人员和硬件设备投资，但是，这笔费用支出总额明显不高，甚至只需要支付小额租赁服务费，就能通过互联网享受硬件维护服务和软件升级体验，这也是目前效益最佳的软件应用运营模式。

（1）经济效益。软件即服务模式的推广与应用，使得用户无须再为使用软件单独付费。传统模式需要用户支付软件授权费用，软件即服务模式鼓励用户使用服务器上已经安装好的应用软件，减轻了用户为软件升级维护、网络安全设备和服务器硬件频繁更换产生的资金压力。拥有智能终端的用户，只需要为流量付费，就能通过互联网下载软件并享受相关服务。

除此之外，在软件即服务模式下，软件运营商收取的费用，价格比传统模式更加透明。软件供应商提供的不同级别软件，对应的价格与服务也存在差异。用户可以根据自身的支付能力，自主选购所需的应用软件。用户付费以后，系统后期的维护与升级服务全部由软件供应商负责。在传统模式下，用户使用软件必须一次性支付高昂费用。相比之下，使用云计算的用户可以节省一大笔开支。

（2）市场效益。用户利用软件即服务模式获得收益的同时，也在无形之中为软件供应商扩大潜在市场范围提供了便利。凡是无法承担传统模式要求支付软件许可费用，或者缺乏软件配置能力的用户，都成为软件即服务模式的潜在客户。与此同时，软件即服务这一模式还能帮助软件供应商，增强自身竞争优势的差异性，降低软件的开发、维护与营销成本，并利用软件在市场的迅速更新变革收入模式，实现用户关系的改善与优化。

（三）自动化部署效益分析

云计算的一个功能就是通过自动化部署解决IT资源的维护和使用问题，帮助IT资源获得最大的使用率，最终降低IT资源的成本开销。

云计算服务平台提供的自动化部署功能，借助软件的自动安装效果，激活了计算资源的原始状态，使得系统的可用状态逐步发展成为软件自动化安装后的常规状态。传统模式下应用软件的手工部署，既费时又费力，此过程通常包括软件安装、系统调配、硬件资源配置等步骤。对于高端的定制化应用软件业务，应用软件的部署过程更加复杂。传统模式下应用软件安装与资源配置过程的特殊性，为自动化部署功能的应用与推广创造了条件。通过云计算服务平台管理软件自动化部署任务，既能实现软件应用的动态、实时更新，也能推动业务部署发展模式的日趋完善，在整体上真正实现云计算服务平台的便捷性和灵活性。

划分虚拟池中的资源、完成软件安装和系统配置，是云计算服务自动化部署功能的主要应用过程。除了网络与存储设备以外，该过程的顺利实施还需要相应的软件与服务器配置。总体来说，自动化部署系统资源，主要借助脚本调用，实现应用软件的云端配置，并确保调用过程根据默认方式自动实现，避免人机交互的资源耗损，节省部署操作所需的人力与时间成本，从而实现部署质量的优化与提升。

（四）系统化管理效益分析

云计算的一个重要核心理念：通过一种系统配置机制来实现不同的功能，以满足不同的需求。一般来说，改变软件系统的运行和功能，通常靠编程或配置，也可以是两者同时进行。编程需要专门的技术知识，包括底层的软件程序语言和算法逻辑。而配置则不需要任何具体的技术专长。配置的变化直接影响系统运行和用户体验，并且该操作通常由系统管理员实施，他只需要访问配置维护界面，在整个过程中，底层软件程序并没有改变。这种重要的理念让云计算的系统管理难度大大降低。

与此同时，云计算服务的应用能够变革企业的组织结构，减少企业的管理层级，扩大企业的管理幅度，将传统企业的金字塔状组织形式压缩成扁平状的组织形式，从而有效地解决传统组织机构运转效率低下的弊端，为用户提供资源整合与个性化服务的云计算。无论云端资源的性质是公有还是私有，在应用过程中都会促进企业组织结构的调整。小型企业使用云计算服务，可以节省人力开支，通过软件服务商保证系统资源的正常运转。

三、云计算的商业模式

"商业模式在创新性研究中依据云计算分析，已经成为企业现代化经营建设的主要方向。"[1]云服务以互联网服务的交付使用模式为基础，并利用互联网提供的动态虚拟化资源，实现常态化运转。以用户需求为服务宗旨的云服务，将与互联网、软件、信息技术相关的扩展服务全部包括在内，使得系统的计算能力成为互联网领域常见的流通商品，因而具有极为特殊的商业价值。由于商业模式的选择能够影响企业的未来发展，提供云服务的

①王银辉.基于云计算视野的商业模式创新性研究[J].现代商业，2016（27）：137-138.

企业必须深入探索独特的商业模式，挖掘潜在的客户群体，才能在充满竞争对手的残酷环境中生存下来，并且发展壮大。

通过对国内外云计算大型公司的研究，以下探讨云计算商业模式。每种云计算商业模式都有其特点和独有的方向。

（一）基础通信资源云服务的商业模式

无论是终端软件，还是互联网数据中心，基础通信服务商都可以依托云平台的支撑优势，利用平台即服务模式，为软件的开发与测试提供理想的应用环境。基础通信服务商与平台合作，可以借助终端软件的平台即服务，带动基础设施即服务和软件即服务的有机整合，从而能够为终端之间提供高效、便捷的云计算服务。

此种商业模式可以借助信息技术、多媒体电信业务和公众服务的云端化发展，获得理想的建构效果。第一，实现信息技术云端化发展。为了满足自身的云计算需求，降低信息技术经营成本，促进数据分析与资料备份的云端转移，有必要推动信息技术服务的云端化发展。第二，实现多媒体电信业务的云端化发展。电信业务和多媒体业务的云端化发展，有利于减轻基础通信资源云服务商业模式背后的运营压力。第三，实现公众服务的云端化发展。推动信息技术即服务、平台即服务、软件即服务的有机整合，开发基础设施资源，为个人用户和企业用户提供优质的云服务。

借助基础通信资源云服务商业模式盈利，主要有以下几条途径：

（1）用户为满足应用软件的使用需求付费。用户付费使用杀毒软件、客户关系管理软件和企业资源规划软件，以及即时通信服务、网络游戏服务、地图和搜索服务，需要向云计算服务供应商支付相应的费用。

（2）为云软件供应商节约设备维护成本和软件版权费用。利用平台云服务提供的开发与测试环境，软件开发者在无须支付高额费用的前提下，可以借助应用研发推动软件即服务模式的整体发展。

（3）通过租用基础设备，减少终端用户为信息技术维护投入的成本。

（4）按照服务等级收费，拓宽管理服务、安全服务和孵化服务的销售渠道。

（二）软件资源云服务的商业模式

软件供应商和硬件生产厂商联合云服务提供商，为个人用户和企业用户提供硬件维护和软件升级服务，由此形成的商业模式被称为软件资源云服务商业模式。此种商业模式的合作手段既可以是服务的简单集成，也可以是数据的存储共享。在软件即服务模式下，软件开发商可以利用工具包处理多元化的用户需求，并将数据存储在云端，以方便用户访问、下载。由于该模式能够以硬件生产厂商和软件供应商提供的服务为建构基础，从用户角度出发，布局云计算终端产业链，在产品销售与盈利方面，已经取得了比较理想的效果。

围绕信息技术即服务、平台即服务、软件即服务三种模式，设计云计算整体解决方案，利用软件资源云服务商业模式，向用户提供有价值的运营托管业务，并以此作为稳定的经营来源，是云服务提供商拓展盈利渠道的前提与基础。

目前，软件资源云服务商业模式主要的盈利方式如下：

（1）利用第三方获益。面向第三方开放云服务环境，部署软件即服务模式，借助接口开发、用户推广和服务运营获得收益。

（2）从软件即服务模式的开发商处，获得股息红利、分成收入以及平台租金等。

（3）根据提供的软件孵化服务级别收费，目前比较常见的孵化方式有深度孵化和远程孵化。

（4）利用软件升级和系统维护获得收益。

（三）互联网资源云服务的商业模式

网络业务的多元化发展，为互联网企业拓宽交易渠道奠定了基础。为了创造安全的数据环境和便捷的沟通方式，拥有丰富服务器资源的互联网企业，已经开始尝试使用云计算技术发展云端业务。互联网企业云服务的研发前沿，旨在研究用户的行为习惯，并从中获得有价值的研究方向。

以互联网企业的云计算平台为基础，借助相关服务整合，推动软件业务转型，利用云计算软件服务模式替代传统的软件销售模式，是互联网资源云服务商业模式发展的根本理念。围绕用户需求开发云服务产品，是互联网资源云服务商业模式运作的主要手段。

互联网资源云服务商业模式的主要盈利途径如下：

（1）通过出租服务器资源获取收益。

（2）通过出租云端工具获取收益。常见的云端工具主要有协同科研平台和用于远程办公管理的软件。

（3）通过提供定制服务获取收益。用户可以按需选择定制服务类型，并为使用这类服务付费。

（4）通过提供资源存储服务获取收益。

云存储利用软件集合不同类型的设备，并借助不同设备之间的协同运作，对外提供资源存储服务。与传统的存储技术相比，云存储服务系统依靠网络服务器、数据访问接口、客户端程序和应用软件等，可以为用户提供更加安全、可靠、方便管理的资源存储服务。

作为云存储商业模式的主要推广手段，免费提供资源存储服务，免费与付费相结合提供附加服务，已经发展成为互联网云服务向用户提供资源存储业务的主流商业模式。

为了有效解决业务模式的趋同化发展问题，云服务供应商在业务盈利方式上开展了积极有益的探索。比如，企业需要付费使用资源存储服务；普通用户虽然可以免费使用系统的基础功能，但是，使用增值与扩容功能需要付费，使用文件恢复、备份与云端分享等服务也需要付费。

（四）即时通信云服务的商业模式

能够有效增进用户交流的互联网即时通信软件，为用户之间实现即时沟通创造了条件。无论是文字、语音，还是文件、视频，都可以借助互联网即时通信软件促成转发与互动。

通过提供简单的编程接口，掌握移动即时通信技术，是即时通信云服务整合云端功能的前提。以云端技术为基础的即时通信系统，既能发挥自身的弹性计算功能，又可以根据开发者的需求，不受时空限制，自动完成扩容任务。此种独特的融合架构设计理念，降低了软件接入难度，能够通过客服平台直接提供基于场景的解决方案，在某种程度上促进了系统扩展能力与界面结构的定制化发展。

收费模式与免费模式是即时通信云服务常见的商业模式。其中，收费模式是目前的主流模式，免费模式是未来的发展趋势。

即时通信云服务商业模式的盈利途径如下：

（1）按照常规用户数量收费。

（2）按照日均活跃用户数量收费。

（3）按照存储空间收费。

（4）按照即时通信业务的推送服务收费。

（五）安全云服务的商业模式

为了维护网络时代的信息安全，云计算利用存储在云端的病毒特征数据库，判断未知病毒的异常行为，拦截木马病毒和恶意程序，为用户使用计算机设备提供安全保障。

当用户启动免费的云安全防病毒模式后，系统可以根据用户的网络使用习惯，为用户提供个性化的功能、服务与应用，并以此为基础实现盈利，这是安全云服务商业模式的主流路径。此外，通过与网络应用提供商以及网络建设运营商加强合作，防病毒应用软件能够做到及时发现携带木马病毒的恶意程序，为用户提供安全的网络环境。

安全云服务商业模式的盈利途径如下：

（1）以免费杀毒为基础，利用云端软件的个性化服务获得收益。

（2）为用户提供完整的安全防护服务体系获得收益。

第二章　云计算虚拟化技术

云计算作为多技术整合体系，系统驱动以虚拟化、分布存储、模型编程以及资源管理为主。在科学技术的不断更新下，云模型处理功能为各类数据介入提供载体，云计算体系呈现高速发展势态，正朝着智能化、虚拟移植化发展。对此，本章将重点探讨虚拟化的发展与分类、虚拟化及其结构模型、虚拟化技术解决方案。

第一节　虚拟化的发展与分类

作为广义层面的术语，虚拟化概念的提出旨在实现管理的进一步简化、资源的进一步优化。虚拟化指的是计算元件的运行环境并不是现实的，而是虚拟环境，比如在空旷、通透且没有固定墙壁的写字楼中，为了降低成本，同时提高空间利用的最大效率，用户可以自主适用办公空间的构建，但只需要付出同样的成本。具体到IT领域，这种以不同需求为出发点来重新规划有限的固定资源，从而实现利用率显著提高的目标思路，就是虚拟化技术。

在虚拟化技术的作用下，硬件容量可以得到进一步扩大，软件的重新配置过程可以进一步简化。同样是在虚拟化技术的影响下，单CPU模拟多CPU并行具备了实现的可能，在一个平台来实现多个操作系统的运行同样被允许存在，同时应用程序的运行发生于相互独立的空间，可以有效避免互相干扰情况的出现，从而使计算机的工作效率得到显著提高。

整体上讲，超线程技术和虚拟化技术与多任务存在着本质区别，所谓"多任务"指的是多个程序在一个操作系统中同时运行；而依托虚拟化技术，不仅可以实现多个操作系统的同时运行，还可以实现同一操作系统中多个程序的同时运行，一个虚拟主机或虚拟CPU就是任意一个操作系统运行的空间；超线程技术对程序运行性能的平衡，主要是通过单CPU模拟双CPU来实现，同时这两个模拟化的CPU始终处于协同发展的工作状态，一旦分离开来，工作就将终止。VMware Workstation等软件同样可以实现虚拟效果，但虚拟化技术则是技术层面的升级，这种技术进步主要表现在对软件虚拟机相关开销的减少和对更为广泛操作系统的支持两个方面。

云计算的实现需要建立在虚拟化技术支撑的基础之上，二者之间存在着密切关联。具体来讲，在云计算架构过程中，虚拟化技术可以整合处理空间资源，使资源介入属性，摆脱传统物理服务器束缚，以一种资源隔离的状态存在，通过这样的过程，多个操作系统便可以在一台物理服务器的支撑下运行，保证了不同系统驱动过程中任务执行机制的独立性。从最终目的的角度来讲，虚拟化是为了简化IT基础设施、资源以及访问资源管理而存在。

　　资源是实现一定功能的保障，基于标准的接口，可以实现对资源的接收输入和输出。此外，资源还可以被视为一种硬件（如仪器、网络、磁盘、服务器等）或软件（如Web服务）的统称。

　　能够实行虚拟化的操作系统包括Windows和Linux各种系统。消费者访问资源主要是通过虚拟资源支持的标准接口来实现。当IT基础设施改变以后，标准接口的使用，就可以最大化降低这种变化对用户所产生的不良影响。比如，这些技巧最终可以为用户所重用，因为基础设施的变化并没有改变用户与虚拟资源的交互方式，同时他们也不会受到不断变化的底层物理资源的影响。此外，由于标准接口的状态并没有发生变化，所以应用程序的升级或应用补丁也就显得没有必要。

　　在虚拟化作用下，消费者和资源之间的耦合程度大大降低，进而进一步简化了IT基础设施的总体管理。所以，消费者对资源特定实现的依赖局面被打破。基于此种更加宽松的耦合关系，管理员可以在确保消费者受到管理工作影响最小的情况下，来更高效、优质地管理IT基础设施。管理操作的完成，既可以通过半自动的方式实现，又可依赖手工的方式，也可以基于服务级协定（SLA）的驱动作用进行自动化管理。

　　在此基础之上，虚拟化技术为网格计算所利用将变得更为广泛，同时网格计算也能够虚拟化处理IT基础设施，通过对IT基础设施的共享和管理进行处理，确保用户和应用程序对动态资源的需求得到有效满足，同时还能使访问基础设施更加简化。

一、虚拟化的发展

　　1959年，Christopher Strachey在国际信息处理大会上发表了《大型高速计算机中的时间共享》论文，提出了虚拟化概念，这也是虚拟化技术开始出现的标志和早期萌芽的表现。到了1964年，一种名为CP-40的操作系统（设计者是科学家L.W.Comeau和R.J.Creasy）出现，标志着虚拟机和虚拟内存的实现。

　　1965年，商业领域开始出现虚拟化技术，并设计出允许多个操作系统在一台主机上运行的IBM7044机型。自此以后，用户可以对当时昂贵的硬件资源加以充分利用，这一实践是虚拟化在商业系统中的首次应用。

　　1966年，第一个虚拟化的应用程序——BCPL（Basic Combined Programming Language）

语言出现，该程序的开发者是剑桥大学的Martin Richards。

到了20世纪70年代，虚拟化准则首次在一篇名为《Formal Requirements for Virtualizable Third Generation Architectures》的论文中被提及，能够与该准则保持一致的程序，通常统称为虚拟机监控器（Virtual Machine Monitor，VMM）。

IBM在1978年获得了冗余磁盘阵列专利技术，基于虚拟存储技术，物理磁盘设备向资源池的组合得以实现，而后又从资源池中完成了供主机使用的一组虚拟逻辑单元的分配，这是虚拟技术首次被应用于存储中。

1998年，虚拟化的优势显露无遗，基于Windows NT平台，Windows 95可以通过VMware虚拟软件被启动，从某种程度上来讲，这可以看作虚拟化技术与x86平台有机融合的重要开端。

1999年，由VMware公司推出的、运行较为流畅的商业虚拟化软件在x86平台顺利退出自此以后，虚拟化技术只适应于大型机的传统认知被打破，其与普通PC领域相互融合、相辅相成的时代开启了。

进入21世纪，得益于各大IT厂商在虚拟化领域的创新尝试，虚拟化迎来了全盛发展期。

2000年，在硬件分区的基础之上，惠普发布了NPartition。

2003年，支持半虚拟化的Xen在剑桥大学诞生，同样是在2003年，Connectix被微软公司收购，这也预示着微软公司开辟桌面虚拟化发展新大陆的开端。

2004年，高级电源虚拟化（Advanced Power Virtualization，APV）方案首次被IBM提出，这是第一款真正意义上的虚拟化解决方案，并在2008年迎来了第二个发展阶段——PowerVM。由微软公司发布的Virtual Server 2005计划同样在2004年被公开发表。

2005年，惠普将真正的虚拟化技术与Integrity虚拟机有机融合，在上述技术支撑下，分区同样享有操作系统的完整副本和共享资源。同年，由英特尔公司研发的Vanderpool技术外部架构规范（EAS）初步完成，根据英特尔公司的相关消息，该技术能够有效改进未来的虚拟化解决方案。11月，x86平台上第一个硬件辅助虚拟化技术——VT（Vanderpool Technology）技术宣布诞生，在由英特尔公司发布的全新Xeon MP处理器系统7000系列中得到广泛应用。同年，首个基于IntelVT技术支持，同时以32位服务器为运行平台的版本——Xen3.0诞生。

2006年，I/O虚拟化技术规范（由AMD完成）最终实现，并以免费的形式开放技术授权。

2007年后，一款由甲骨文公司推出的服务器虚拟化软件OracleVM问世，该软件不仅可以在Oracle数据库和应用程序中正常运行，同时用户也可以根据指定的链接地址免费下载，可以说，这一实践将甲骨文公司向虚拟化市场进军的决心和信心表露无遗。自此之后，红帽也在同年开启了虚拟化的第一步，那就是将Xen虚拟化功能新增到所有平台的管理工具中，同时对Linux新版企业端中的Xen进行整合。几乎在同一时期，Novell推出了新版服务器软件SUSE Linux10，同样丰富了虚拟化软件Xen，思杰公司完成了对Xen Source的收购，打响了进军虚拟化市场的第一枪，并相继推出了Citrix交付中心。

2008年，惠普发布了世界上第一款虚拟化刀片服务器ProLiantBL495cG5。2008 年 6 月，Linux Container（LXC）发布0.1.0版本，其可以提供轻量级的虚拟化，用来隔离进程和资源。它也是Docker最初使用的容器技术支撑。

2008年9月4日，红帽收购以色列公司Qumranet，并着手使用KVM替换在红帽中使用的Xen。

2009年9月，红帽发布RHEL5.4，在原先的Xen虚拟化机制之上，将KVM添加进来。同年，阿里云写下第一行代码。

2010年11月，红帽发布RHEL6.0，这个版本将默认安装的Xen虚拟化机制彻底去除，仅提供KVM虚拟化机制。

2010年10月21日，NASA发布了可以IaaS（基础设施即服务）云操作系统OpenStack，第一个版本便是众所周知的Austin（奥斯丁）。OpenStack挽手自主可控的口号，推动了云计算在国内的全面爆发。

2011 年 5 月，IBM 和红帽，联合惠普和英特尔一起，成立了开放虚拟化联盟（Open Virtualization Alliance），加速KVM投入市场的速度，由此避免VMware一家独大的情况出现。

2013年3月15日，在加利福尼亚州圣克拉拉召开的Python开发者大会上，Dot Cloud的创始人兼首席执行官Solomon Hvkes在一场仅五分钟的微型演讲中，首次提出了Docker这一概念，并于会后将其源码开源并托管到Github。最初的Docker就是使用了LXC，再封装了其他的一些功能。可以看出，Docker的成功，与其说是技术的创新，不如说是一次组合式的创新。

2014年6月，Docker发布了第一个正式版本v1.0。同年，红帽和AWS就宣布了为Docker提供官方支持。

2015年7月21日，Kubernetesv1.0发布，标志着虚拟化技术进入云原生时代。

二、虚拟化的分类

（一）按实现层次分类

作为一个复杂精密的系统，计算机系统由若干个层次组成，按照从上到下的顺序，这些层次主要包括以操作系统为运行环境的应用程序层、抽象应用程序接口层（由操作系统提供）、操作系统层、硬件资源层。每一层内部的运行细节都对外隐藏，上层所看到的只有与之对应的抽象接口，同时底层的内部运作机制也不需要上一层知道，上一层工作的正常开展只需要调用底层提供的接口即可完成。

具体来讲，分层具有以下优势：首先，进一步明确了每层的功能，由于只需要考虑每层自身的设计及与之相邻层的交互关系，所以开发的复杂度大大降低；其次，较低的耦合性和依赖性，使得层与层之间的移植更加便捷。同样是在以上优势的作用下，不同的虚拟化层可以在不同虚拟化技术的作用下得以构建，上层也可以接收到与真实层次一致或相似的功能。所以，以实现虚拟化的层次为依据，可将虚拟化细分为虚拟化的硬件、操作系统和应用三种类型。

（1）硬件虚拟化。常见的VMware、Virtual Box等都是硬件虚拟化的产物，具体来讲，它指的是以统一化、抽象化的方式来处理计算机需要运行的硬件，通过硬件具体实现过程的封装，使用户可以获得统一的硬件平台，实现对某个操作系统的运行。

（2）操作系统虚拟化。充分发挥某个操作系统的母体作用，完成多个操作系统镜像的生成，此过程便是操作系统的虚拟化，处于虚拟化过程中的母体和镜像都是一种操作系统。倘若母体中的某个配置改变，也会对镜像中的配置产生相应的影响和改变。现阶段而言，系统虚拟化已经在很多领域，特别是在服务器上得到了广泛普及和使用，可以通过对一台物理服务器的操作系统进行虚拟化处理，获得数台处于彼此隔离状态的虚拟服务器，同时，虚拟服务器能够对物理服务器上的资源（如I/O接口、内存、CPU、硬盘）共享，从而保障服务器资源利用率的显著提高，这也就是所谓的"一虚多"情况。与之不同的"多虚一"情况，就是一台逻辑服务器由多台相互依存、协同合作来完成一个共同任务的物理服务器虚拟而成。此外，还存在"多虚多"的情况，也就是基于多台物理服务器对一台逻辑服务器的虚拟结果，来完成对该结果的多个虚拟环境划分，以及多个业务的同时运行。

（3）应用虚拟化。所谓"应用虚拟化"，指的是解除操作系统和应用程序之间的耦合关系，也就是割裂计算逻辑和应用程序人机交互逻辑之间的联系，当将一个虚拟应用程序在用户端启动后，需要完成用户人机计算逻辑向服务器端的部分传送，最终客户端所接收的内容是经服务器计算之后的结果，经此过程，用户可以产生一种访问本地程序的体验感，因而，应用虚拟化也被称为"应用程序虚拟化"。

（二）按应用领域分类

抛开虚拟化的层次问题，单单考虑应用领域，虚拟化通常由服务器虚拟化、存储虚拟化、网络虚拟化和桌面虚拟化四种类型组成。

（1）服务器虚拟化。"服务器虚拟化"的最终目的在于实现资源利用率的显著提高和管理的进一步简化。具体来讲，它是通过对一台物理服务器进行若干个互相隔离、互不干涉的逻辑服务器的虚拟化处理，实现物理设备（如内存、硬盘、CPU等）向具备利用价值的"资源地"的转变。

（2）存储虚拟化。对多个物理存储设备进行逻辑存储设备的抽象化处理，就是存储虚拟化的过程，被抽象而成的逻辑存储设备可以被看作"存储池"，当用户产生存储资源使用需求时，管理系统会对这些存储资源进行分配。

（3）网络虚拟化。以物理网络为空间来构建多个逻辑网络，就是网络虚拟化。其中，除了要保留与物理网络相似的层次结构以外，从数据传输方式的角度来看，每个逻辑网络需要保证与物理网络的一致性，其中尤其以提供与真实网络相似的功能最为关键。现阶段而言，普及推广度最高的几种网络虚拟化主要包括局域网络虚拟化（如VLAN）和专用网络虚拟化（如VPN）。前者指的是以不同的广播域来对一个物理网络进行细分，其中每一个广播域都可被视为一个对立的局域网（即VLAN），处于同一个VLAN中的用户之间始终处于相互连接的状态。但是，VLAN不同，与之对应的计算机不能直接通信，而多个VLAN之间的相互连接主要通过路由器来实现。与之不同的是，后者从某种程度上可以看作抽象化处理物理链路的结果，也就是基于一个公用网络（如Internet）来完成一个临时、安全的链路的建立，在这条链路的作用下，用户们对某个组织机构资源的访问将更加便捷和可靠。同时，虚拟链路与真实链路之间的细微差别也极不容易为人所察觉。

（4）桌面虚拟化。作为一种特殊的系统虚拟化，桌面虚拟化的实现必须建立在与服务器虚拟化相互连接的基础之上。在桌面虚拟化的作用下，在同一个终端可以同时登录多个操作系统，同一个操作系统也可以在不同的终端被登录，从这个层面来讲，得益于桌面虚拟化，物理机和私人操作系统之间的耦合关系被解除。当用户在一个终端上登录了某一个操作系统后，相当于将该系统在终端上运行，此时的操作系统实则是一个在服务器上运行的虚拟操作系统，在此过程中，该虚拟操作系统的维护和管理都需要在服务器的作用下来实现。

第二节 虚拟化及其结构模型

一、虚拟化技术

虚拟化技术是根据不同的硬件设备和不同的虚拟化方法实现现实生活中具体的虚拟现象，因此，虚拟化技术复杂多样。

（一）虚拟化的概念

虚拟化的概念产生于20世纪60年代，并伴随着计算机行业的发展而发展。早期，虚拟化主要运用于虚拟内存，发展至今，已经发展为虚拟服务平台，且发展规模越来越大。对于不同的开发商和使用者来说，虚拟化的概念是不同的，因为他们属于不同的工作领域。

早期，计算机程序开发员会担心计算机的内存是否足够大，随着虚拟内存的出现，程序员不再担心内存问题。这也是虚拟化带给人类最直观的影响。虚拟化不仅只有虚拟内存，与计算机相关的众多领域都应用了虚拟化技术，包括处理器虚拟化、存储器虚拟化、网络虚拟化和数据库虚拟化等，不管是硬件还是软件，都可以看到虚拟化的影子。

资源是虚拟化的对象。资源包括硬件资源和软件资源，硬件资源主要包括处理器、光盘驱动器、存储器和网络等；软件资源包括应用程序、操作系统和各种各样的文件等。

当资源虚拟化之后，形成的新资源会隐藏内部细节。比如，虚拟内存是新资源，但存储硬盘变成了虚拟对象。当程序访问虚拟内存时，真实内存和虚拟内存的编址是统一的，内存寻址和硬盘寻址的转换不会展现在应用程序中，只需要把虚拟硬盘看作内存读取就可以。

虚拟后的新资源拥有真实资源的部分功能或全部功能，虚拟内存准确地展现了虚拟化这一特点，虚拟内存可以拥有与真实内存完全一样的功能。

（二）虚拟化的作用

虚拟化通过简化IT基础设施和资源管理，为用户提供更加便利的访问功能。虚拟化涉及的领域非常宽泛，它面向的用户不仅仅可以是人，也可以是与资源交互相关的服务、操作请求、应用程序和资源访问等。

从这个目的出发，虚拟化资源会给用户提供一个标准化的接口，如果用户利用标准接口访问虚拟资源，用户和资源之间的耦合程度就会降低，因为用户并不会只依赖某种特定的虚拟资源。除此之外，松散的耦合访问关系还可以简化管理工作。管理员在管理IT基础设施的过程中，可以将用户的影响降到最低。并且，即使这些底层的物理资源发生了变化，虚拟资源对用户的影响也是最低的，因为用户和虚拟资源之间的交互方式并没有发生变化，标准接口也没有发生改变，应用程序并没有受到影响，不需要打补丁或升级。

（三）虚拟化的特点

（1）资源利用率更高。虚拟化可以提高资源的利用率，并实现物理资源和资源池的动态共享，尤其是为低于平均需求的资源需求提供专用资源负载。

（2）管理成本降低。虚拟化可以隐藏物理资源的复杂部分，减少物理资源的数量，虚拟化还可以实现资源的自动化和简化公共管理方式，最终达到提高工作效率的目的。

（3）灵活的使用功能。虚拟化可以实现动态的重配置和资源部署，满足不同的业务需求。

（4）安全性较高。虚拟化可以提高桌面的可操作性和安全性，用户可以对这种环境进行本地访问或远程访问。相较于简单的共享机制，虚拟化可以实现有效隔离和划分数据信息，可以保障访问信息的可控性和安全性。

（5）可用性更高。虚拟化的应用程序和硬件条件具备更高的使用性，可以有效提高业务的连续性，虚拟化可以将整个虚拟环境安全备份和迁移，不会出现服务中断的问题。

（6）可扩展性更高。虚拟化可以在不改变物理资源配置的情况下调整规模，可以实现和支持资源分区和汇聚，并将个体物理资源扩展为更小或更大的虚拟资源。

（7）互操作性。虚拟资源的接口和协议具有较高的兼容性，可以保证资源的灵活互通，且可操作性较强。

（8）供应资源的改进。相比于个体物理资源单位，虚拟化分配资源的单位更小，并且，虚拟资源不受操作系统和硬件的影响，即使出现系统崩溃，恢复的速度也很快。

（四）虚拟化的约束与限制

虚拟化技术也有约束与限制，最明显的是由于虚拟化层协调资源，导致客户机系统性能下降。此外，由于虚拟化管理软件抽象层而引起主机没有被优化使用，使得主机利用率低或降低了用户服务质量。不明显但是更加危险的是隐含的安全问题，这大多是由于模拟不同的执行环境所产生的。

1.系统性能降低

性能问题是使用虚拟化技术所需关注的主要问题之一。由于虚拟化在客户机和主机之间增加了抽象层，这将增加客户任务的操作延迟。例如，在硬件虚拟化情况下，当模拟一个可以安装完整系统的裸机时，性能降低归咎于下列活动产生的开销：

（1）维持虚拟处理器的状态。

（2）支持特权指令（自陷和模拟特权指令）。

（3）支持虚拟机分页。

（4）控制台功能。

此外，当硬件虚拟化是通过在主机操作系统上安装或执行的程序实现时，性能降低的主要原因是虚拟机管理器同其他应用程序一起被执行和调度，从而共享主机的资源。

由于技术进步以及计算能力的提升，这些问题变得不再突出。例如，用于硬件虚拟化的特定技术，如半虚拟化技术，可以提高客户机程序的性能，无须修改便可将客户机上的大部分执行任务迁移到主机上。编程级的虚拟机，如JVM或.NET，当性能要求比较高时，可以选择编译本地代码。

2.用户体验下降

虚拟化有时会导致主机的低效使用，特别是当某些主机的特定功能不能由抽象层展现，进而变得不可访问时。在硬件虚拟化环境中，设备驱动程序可能会出现这种情况，虚拟机有时仅仅提供映射主机部分特性的默认图形卡。在编程级虚拟机环境中，一些底层的操作系统特性变得不可访问，除非使用特定的库。例如，在Java第一版本中，图形化编程支持是非常有限的，应用程序的界面和使用感觉非常差。用于设计用户界面的Swing新框架解决了这个问题，在软件开发工具包中集成了OpenGL库，加强了图形化功能。

3.安全漏洞威胁

虚拟化滋生了新的难以预料的恶意网络钓鱼，它能够以完全透明的方式模拟主机环境，使得恶意程序可以从客户机提取敏感信息。

在硬件虚拟化环境中，恶意程序可以在操作系统之前预安装，并作为一个微虚拟机管理器。这样该操作系统就可以被控制和操纵，并从中提取敏感信息给第三方。这类恶意软件包括Blue Pill和Sub Virt。Blue Pill针对AMD处理器系列，将安装的操作系统的执行移到虚拟机中完成。微软与美国密歇根大学合作研发的SubVirt早期版本是原型系统。SubVirt影响客户机操作系统，而当虚拟机重新启动时，它将获得主机的控制权。这类恶意软件的传播是因为原来的硬件和CPU产品并未考虑虚拟化。现有的指令集不能通过简单地改变或更新，以适应虚拟化的需求。英特尔和AMD也相继推出了针对虚拟化的硬件支持Intel VT和AMDPacifica。

编程级的虚拟机也存在同样的问题：运行环境的改变可以获得敏感信息或监视客户应用程序所使用的内存位置。"因为虚拟化之后的环境具备着开放性的特点，传统的安全防护设备很难掌控虚拟状态之下的通信情况，这就给服务器的虚拟化的运行安全制造了很大的威胁，导致了传统的防护手段和系统没有发挥出自身应当发挥的保护作用"。[①]这样，运行时环境的原始状态将被修改和替换，如果虚拟机管理程序内存在恶意软件或主机操作系统的安全漏洞被利用，将会经常发生安全问题。

二、虚拟化的结构模型

一般来说，虚拟环境由三部分组成：虚拟机、虚拟机监控器（VMM，亦称为Hypervisor）、硬件。在没有虚拟化的情况下，操作系统管理底层物理硬件，直接运行在硬件之上，构成一个完整的计算机系统。而在虚拟化环境里，VMM取代了操作系统的管理者地位，成为真实物理硬件的管理者。同时，VMM向上层的软件呈现出虚拟的硬件平台，"欺瞒"着上层的操作系统。而此时的操作系统运行在虚拟平台之上，管理者虚拟硬件，但它自认为是真实的物理硬件。

通常虚拟化的实现结构分为三类：Hypervisor模型（或独立监控模型）、宿主模型以及混合模型。

---

①聂雨霏.服务器虚拟化技术与安全[J].数字技术与应用，2022，40（04）：230.

（一）Hypervisor模型

在Hypervisor模型中，虚拟化平台是直接运行在物理硬件之上，无须主机操作系统（安装虚拟化平台的物理计算机称为"主机"，它的操作系统就称为"主机操作系统"）。在这种模型中，VMM管理所有物理资源，如处理器、内存、I/O设备等。另外，VMM还负责虚拟环境的创建和管理，用于运行客户机操作系统（在一个虚拟机内部运行的操作系统称为"客户机操作系统"）。由于VMM同时具有物理资源的管理功能和虚拟化功能，虽然物理资源的虚拟化效率会更高一些，但同时也增加了VMM的工作量，因为VMM需要进行物理资源的管理，包括设备的驱动，而设备驱动开发的工作量是很大的。

Hypervisor模型的优点：效率高。

Hypervisor模型的缺点：只支持部分型号设备，需要重写驱动或者协议。

Hypervisor模型的典型产品：VMwareESXserved，KVM。

（二）宿主模型

虚拟化平台在宿主模型中安装在主机的操作系统上。VMM获取资源的方式是调用主机操作系统中的服务资源，将内存、处理器和I/O设备虚拟化。VMM创建虚拟机之后，会把虚拟机当作主机操作系统的进程之一，并参与资源调动。宿主模型的优缺点正好与Hypervisor模型相反。宿主模型可以充分利用现有操作系统的设备驱动程序，VMM无须为各类I/O设备重新实现驱动程序，减轻了工作量。但是由于物理资源由主机操作系统控制，VMM需要调用主机操作系统的服务来获取资源进行虚拟化，这对虚拟化的效率会有一些影响。

宿主模型的优点：充分利用现有的OS的Devicel Driver（设备驱动程序），无须重写；物理资源的管理直接利用宿主OS来完成。

宿主模型的缺点：效率不够高，安全性一般，依赖于VMM和宿主OS的安全性。

宿主模型的典型产品：VMwareserver，VMwareworkstation，VirtualPC，Virtualserver。

（三）混合模型

顾名思义，混合模型就是上述两种模型的混合体。混合模型在结构上与Hypervisor模型类似，VMM直接运行在裸机上，具有最高特权级。混合模型与Hypenisor模型的区别在于：混合模式的VMM相对小得多，它只负责向客户机操作系统（CuestOS）提供一部分基本的虚拟服务，如CPU和内存，而把I/O设备的虚拟交给一个特权虚拟机（PrivilegedVM）来执行。由于充分利用了原操作系统的设备驱动，VMM本身并不包含设备驱动。

混合模型的优点：集合了上述两种模型的优点。

混合模型的缺点：经常需要在VMM与特权OS之间进行上下文切换，开销较大。

混合模型的典型产品：Xen。

第三节　虚拟化技术解决方案

一、Hyper-V虚拟化

Hyper-V的开发基于Hypervisor技术，它是微软创造的一款虚拟化产品。它的前身是Viridian，Hyper-V已经集成到WindowsServer2008的企业级版本和数据中心版本中。

Hyper-V最大的支持内存是2TB，它的系统是基于64位的系统，可以并行160个逻辑处理器。在来宾主机中，Hyper-V最大支持512GB的内存和32个虚拟CPU。在复制操作两个Hyper-V主机资源时，不需要其他的软件和硬件。

（一）Hyper-V的功能

Hyper-V可以提供多租户安全功能，可以隔离同一台物理服务器上的虚拟机，保障虚拟环境的安全。并且，Hyper-V还可以通过网络虚拟化功能将资源扩展到虚拟本地区域网络（VLAN）的范围外，虚拟机放在任何结点都不需要考虑IP地址。除此之外，虚拟机的存储和迁移方式灵活多变，甚至可以迁移到群集的环境以外，在此种情况下，虚拟机仍然可以完整地实现自动化管理，因此，虚拟机可以有效地降低环境管理的负担。

在客户系统中，Hyper-V最多支持1TB内存和64个处理器。另外，Hyper-V还可以通过全新的虚拟磁盘格式支持更大的容量，每一个虚拟磁盘的内存高达64TB，并且，Hyper-V还可以提供额外的弹性，给用户提供更大规模的虚拟化负载。Hyper-V还有一些新的功能，包括物理资源的消耗情况由资源计量统计并记录，支持卸载数据的传输，强制实施最小的带宽需求改善服务质量。除了保障虚拟机的正常运行和扩展以外，还需要保障虚拟机的实效性。Hyper-V还提供了很多可用性高的功能，包括支持简单备份的增量、改进群集环境，让群集环境可以支持4000台虚拟机，并可以实时迁移，提升BitLocker驱动器加密技术。此外，还可以使用Hyper-V的复制技术，复制技术可以将虚拟机复制到指定的位置，当主站点出现故障时，虚拟机可以将故障转移。

（二）Hyper-V的配置

（1）单击桌面左下角"开始"按钮，在弹出的菜单中选择"服务器管理器"命令，在弹出的"服务器管理器·仪表板"窗口中单击"添加角色和功能"按钮。

（2）弹出"添加角色和功能向导"对话框，在左侧栏选中"安装类型"选型，在右侧选中"基于角色或基于功能的安装"单选按钮。

（3）单击"下一步"按钮，进入"服务器选择"选项，在弹出的界面中选择需要安装Hyper-V角色的服务器名称。

（4）单击"下一步"按钮，进入"服务器角色"选项，勾选"Hyper-V"复选框，单击"添加功能"按钮，添加Hyper-V功能。

（5）Hyper-V功能添加成功后，还需要创建虚拟交换机。因为Hyper-V并不能识别物理机的网卡，所以需要借助虚拟网卡通过共享物理机的网络实现真正的网络连接。继续单击"下一步"按钮进入"虚拟交换机"选项，在右侧窗口中勾选"以太网"复选框，设置虚拟交换机的具体类型。

（6）虚拟交换机创建成功之后返回"服务器管理器·仪表板"窗口，开始创建虚拟机。单击"工具"—"Hyper-V管理器"命令。

（7）弹出"Hyper-V管理器"窗口。

（8）选择"新建"，进入"新建虚拟机向导"对话框，输入虚拟机名称，并设置虚拟机存储路径。

（9）虚拟机名称设置完成后，单击"下一步"按钮，进入"分配内存"界面。设置虚拟机的启动内存，最好不要超过物理机的真实内存，并且勾选"为此虚拟机使用动态内存"复选框。通常情况下，虚拟内存不需要设置太大，最好不要超过真实内存的大小。

（10）内存分配完成后，需要配置虚拟机网络，此时选择前面创建好的虚拟交换机。

（11）网络配置完成，继续单击"下一步"按钮，进入"连接虚拟硬盘"界面，在"名称"栏可以设置虚拟硬盘名称，在"位置"栏可以选择虚拟硬盘存放的位置，在"大小"栏可以设置虚拟硬盘存储空间的大小。

（12）单击"下一步"按钮，进入"安装选项"界面，在该界面中可以选择需要安装的虚拟操作系统的镜像。在右侧页面中选择"从引导CD/DVD-ROM安装操作系统"，再选中"映像文件"单选按钮，单击"浏览"按钮，在本地磁盘中查找操作系统镜像文件，找到之后，插入操作系统的镜像，进行安装操作。

（13）继续单击"下一步"按钮，进入"摘要"选项，可以查看刚才创建的虚拟机具体参数。单击"完成"按钮，生成新的虚拟机。

（14）成功生成虚拟机后，可以对虚拟机属性进行设置和修改。比如，需要添加一些虚拟硬件设备，或者是修改已经设置好的虚拟硬件设备中的某些参数。此时可以打开"设置向导"，按照页面上的项目进行修改，添加一个虚拟的"光纤设备适配器"。

（15）如果对当前虚拟机内存分配不满意，还可以在"设置向导"中对当前虚拟机的内存重新进行设置，当启用"动态内存"分配策略后，需要设置"最小内存"空间和"最大内存"空间。一般情况下，虚拟内存的空间大小不应超过当前实体机的内存空间大小。

（16）内存大小修改完成之后，还可以修改网络相关虚拟设备，如选择"虚拟交换机"，启用"VLAN"，设置"最小带宽""最大带宽"等参数。

二、Xen虚拟化

Xen是混合型虚拟机系统，它由剑桥大学开发，最初只支持基于x86平台的32位系统，可以支持100个虚拟机同时运行。Xen升级至3.0系统之后，可以支持基于x86平台的64位系统。目前来说，这是性能最稳、发展最快、资源占用最少的开源虚拟化系统。

（一）Xen的体系结构

Xen环境包含两个组成部分：一是虚拟机监控器（Virtual Machine Monitor，VMM），又可以称为监控程序（Xen Hypervisor），其主要运行于最高优先级Ring0。虚拟监控程序的位置是在硬件和操作系统中间，在硬件上，监控程序是虚拟机的载体，主要作用是为操作系统内核提供虚拟化的硬件资源，同时也管理和分配这些资源。除此之外，还需要确保虚拟机之间的隔离。二是操作系统内核，又可以称为Guest OS，其主要运行于较低的优先级上（Ring1），其应用程序运行在更低的优先级Ring3上。

每一个操作系统内核中，都有特定运行的虚拟域。其中，虚拟域domain0又称为主控域或特权域，虚拟域Domain0有直接访问硬件设备的权限，还可以控制和管理其他域。在虚拟域Domain0的基础上，管理员可以在Xen中建立其他的虚拟域，这些虚拟域称为DomainU。DomainU没有特权，所以也称为无特权域（Unpriv Leged Domain）。除此之外，Xen中还有两类域，分别是独立设备驱动域（IDD）、硬件虚拟域（HVM）。

（二）Xen的安装配置

Xen的安装配置以fedora8操作系统为例。在安装Xen之前，需要检查硬件是否支持完全虚拟化。可以通过命令来完成。如果CPU是Intel系列的，使用"grepvmx/proc/cpuinfo"命令进行检查。该命令的含义是在"/proc/cpuinfo"文件中查找"vmx"字符串。如果找到，则表明CPU支持全虚拟化。

如果CPU是AMD系列的，可以使用"grepsvm/proc/cpuinfo"命令。该命令的含义是在"/proc/cpuinfo"文件中查找"svm"字符串。如果CPU支持全虚拟化，还需要检查当前系统是否已经安装Xen服务，以及当前Linux内核是否有针对Xen的补丁，可以使用命令"rpm-qalgrepxen"来完成。如果没有安装Xen虚拟机，则需要先使用命令"yuminstallkernel-xen"来安装linux内核针对Xen的补丁，然后使用命令"yuminstallxen"安装Xen虚拟机，最后使用"yuminstallvirt-manager"命令安装Xen虚拟机管理工具virt-manager。

virt-manager（Virtual Machine Manager）是一个轻量级应用程序套件，可以通过virt-manager提供的命令行或图形用户界面对虚拟机进行管理。virt-manager包括了一组常见的虚拟化管理工具，如虚拟机配给工具 virt-install、虚拟机映像克隆工具 virt-clone、虚拟机图形控制台 virt-viewer 等。virt-manager 使用 libvirt 虚拟化库来管理可用的虚拟机管理程序，包括一个应用程序编程接口（API），该接口与大量开源虚拟机管理程序相集成，以实现控制和监视。另外，libvirt还提供了一个名为libvirtd的守护程序，帮助实施控制和监视。

Xen服务和相关管理工具安装完成后，需要编辑/boot/grub目录中的grub.conf文件。grub.conf文件是系统配置文件，主要配置系统启动等相关参数。其中，包含default、time-out、splashimage、hiddenmenu、title等参数。只需要把参数default＝1修改为default＝0，即设置第一个配置列表选项，即第一个title参数对应的内核为默认启动的内核，其余参数不变即可，timeout参数用来设置默认启动等待时间。

Virt-manager安装成功后，可以通过virt-manager，创建Xen虚拟系统。打开virt-manager操作窗口，通过选择fedora8屏幕右上角的"应用程序（Applications）"—"系统工具（SystemTools）"—"虚拟机管理（Virtual Machine Manager）"命令，启动虚拟化管理应用程序。

选择"File"—"open connection"命令，如果打开失败，提示"The'libvirtd'dae-monhasbeenstarted"表示当前的libvirtd进程没有启动。libvirtd进程是libvirt虚拟化管理系统中的一个守护进程，负责虚拟化管理指令的操作。此时需要查看libvirtd进程的状态，可以输入命令"servicelibvirtdstatus"，如果显示"libvirtdisstopped"，则表明libvirtd进程没有启动，需要手动启动，输入命令"servicelibvirtdstart"，启动libvirtd进程。

Libvirtd进程启动后，"openconnection"命令执行成功。

单击"New"按钮，创建新虚拟系统，弹出界面，提示用户需要为新创建的虚拟操作系统命名，并选择存储位置、设置内存、磁盘大小等参数。

继续单击"Forward"按钮，进入为虚拟机命名窗口，此处为新创建的虚拟系统命名为"VMTest"。

接着选择虚拟化类型为"Fully Virtualized（全虚拟化）"，并选择CPU架构为"i686"。

继续单击"Forward"按钮进入选择安装介质界面，选中"ISOimageLocation"选项，单击"Browse"按钮，打开对应位置的操作系统镜像文件。如果是通过光盘进行安装，则选中"CD-ROMorDVD"单选按钮。

继续单击"Forward"按钮，进入为新创建的虚拟系统分配存储空间界面，该界面主要设置新建虚拟系统的硬盘及内存大小，共有两个选项，分别是"NormalDiskPartition"和"SimpleFile"。在此选择"SimpleFile"选项，并指定"FileLocation"为"/root/VMTest.img"，"FileSize"为"4000 MB"。

继续单击"Forward"按钮，可以为新创建的虚拟系统选择网络连接方式，共有两种网络连接方式，分别是"Virtualnetwork"虚拟网络和"Sharedphysicaldevice"共享物理设备方式，在此选择"Virtualnetwork"虚拟网络。

继续单击"Forward"按钮，进入分配内存和CPU窗口，"VMMaxMemory"选项用于设定虚拟内存最大值，此处设置为512MB。"VMStartMemory"选项用于设置虚拟机启动时需要的最小内存，也设置为512MB，如果内存设置过大，有可能造成溢出错误。

"VCPUs"选项用于设置虚拟CPU的个数，最好不要超过"LogicalhostCPUs"的个数，此处设置为1。

继续单击"Forward"按钮，进入创建虚拟机的最后一步。在该界面中可以看到前几步配置的相关参数，继续单击"Finish"按钮，开始创建虚拟机。

虚拟操作系统创建完毕后，可以通过"Virtual Machine Manager"管理、查看虚拟操作系统。在Virtual Machine Manager中，选择要管理的虚拟系统，然后单击"details（细节）"按钮，在弹出的界面中可以查看虚拟系统的名称、CPU占用情况和内存占用情况。选择"Virtual Networks选项卡"可以查看和修改虚拟系统的网络连接情况。

三、VMware虚拟化

VMware虚拟化平台的构建基于可投入商业使用的体系结构。VMwareESXi软件和VMwarevSphere软件可以支持基于x86平台的硬件资源，主要包括内存、CPU、网络等硬件设备，在此基础上，像真实PC一样运行的虚拟机可以被创建出来。VMware虚拟化技术中的每一个虚拟机都有一套完整的操作系统，所以不存在潜在冲突。VMware虚拟化技术的工作原理是在主机或计算机硬件中插入一个精简的软件层。

该软件层包含的虚拟机监视器（管理程序），以透明或动态的方式分配硬件资源。在单台物理机上可以同时运行多个操作系统，相互之间并不冲突，而是共享硬件资源。由于是将整台计算机（包括CPU、内存、操作系统和网络设备）封装起来，因此虚拟机可与所有标准的x86操作系统、应用程序和设备驱动程序完全兼容。在单台计算机上，可以同时运行多个应用程序和操作系统，并且，在访问资源的过程中，物理机还可以保障应用程序和操作系统访问资源的实效性。

VMware虚拟机创建步骤：打开VMware虚拟机创建向导，有两种方式创建虚拟机，分别是"Typical"和"Custom"。"Typical"模式简单快捷，不需要复杂的设置。"Custom"模式需要设置虚拟磁盘的类型以及与老版本的兼容性等问题，所以此处选择"Typical"模式。

单击"Next"按钮进入镜像文件选择窗口。此处暂且不需要安装镜像文件，待虚拟机创建完毕再安装镜像文件。选择"I willinstalltheoperationsystemlater"选项，先创建虚拟机，再安装虚拟操作系统镜像。

继续单击"Next"按钮，可以看到需要安装虚拟操作系统的类型，此处选择创建的虚拟机类型为Linux。

继续单击"Next"按钮，进入虚拟机命名窗口，此处可以输入虚拟机的名字，并选择存储位置。

接下来可以为虚拟机分配最大存储空间"Maxnumdisksize"，此处设置为20GB。分配空间完毕，还有两个选项，分别是"Storevirtualdiskasasinglefile"即把虚拟磁盘作为一个单独的文件存储和"Splitvirtualdiskintomultiplefile"，即把虚拟磁盘作为多个文件存储。此处选择"Splitvirtualdiskintomultiplefile"。

继续单击"Next"按钮，创建虚拟机完毕，可以看到创建的虚拟机详细的配置参数。

四、VirtualBox虚拟化

VirtualBox最早开发于德国Innotek公司，出品于Sun公司，之后Sun被Oracle收购，正式更名为OracleVMVirtualBox。它是一款免费开源平台，主要应用于服务器虚拟化和桌面虚拟化。

VirtualBox的性能非常优异，可以将众多的操作系统虚拟化，比如Linux操作系统、Windows操作系统、Android4.0、MAC OS操作系统等。并且，桌面虚拟机的大部分所需功能都包含在VirtualBox的功能中，比如快照、多显示器、虚拟机克隆、支持多操作系统等。

VirtualBox中的虚拟机最多可支持32个虚拟CPU，并且内置远程显示支持，能够配合远程桌面协议客户端使用，同时支持VMware虚拟机磁盘格式和微软虚拟机磁盘格式，并允许运行中的虚拟机在主机之间迁移，支持3D和2D图形加速、CPU热添加等。

VirtualBox虚拟机的创建分为以下步骤：

（1）打开VirtualBox虚拟机创建向导后，首先需要给新创建的虚拟机命名，同时选择客户操作系统类型以及对应的版本。

（2）为新创建的虚拟机分配内存，虚拟内存的大小最好不要超过物理机真实内存的大小。

（3）内存分配完毕，需要给虚拟机创建虚拟磁盘存储空间。此处选择"现在创建虚拟硬盘选项"。进入创建虚拟硬盘过程，选择创建的虚拟硬盘类型为"VDI（VirtualBox磁盘影像）"。

（4）虚拟磁盘类型选择完毕后，还需要设置虚拟磁盘的位置以及虚拟磁盘的大小。设置完虚拟磁盘的位置和大小，单击"创建"按钮，虚拟机便创建成功。

（5）虚拟机创建成功之后，需要在虚拟机中安装操作系统。此时，可以选择镜像安装方式，选择虚拟操作系统镜像，准备安装虚拟操作系统。

（6）设置虚拟机中的操作系统联网方式，此处设置为网络地址转换（NAT）模式。

（7）如果创建的虚拟机需要使用串口，可以在"串口"选项卡中对新创建虚拟机的串口进行配置。

（8）除了可以设置串口等参数之外，VirtualBox也支持对虚拟机中的显卡进行设置，如显存的大小、监视器的数量等。除此之外，每台虚拟机还需要设置唯一的RDP远程访问端口号。

（9）以上参数设置完毕后，通过VirtualBox便可以运行虚拟机中新创建的操作系统。

五、KVM虚拟化

KVM（Kernel-basedVirtualMachine）属于开源性系统虚拟化软件，其虚拟化功能可以在x86架构的计算机上实现，但是，在运行的过程中，需要CPU提供虚拟化功能支持，KVM虚拟化的设计构思建立在Linux内核添加虚拟机管理模块的基础之上，并且，KVM可以重用Linux内核中的众多组成部分。所以实现KVM虚拟化需要两个重要元素：一是KVM需要作为内核模块运行于内核空间，为底层虚拟化提供支持，此部分简称为KVM.ko模块；二是管理KVM.ko模块的功能，该管理任务由Qemu软件担任。在开发技术的过程中，为了增加KVM的灵活度和效率，红帽公司给KVM开发了很多辅助工具，其中最主要的就是Libvirt，Libvirt有一套更便利、可靠的API，API可以控制更多不同的虚拟机。

配置KVM虚拟机之前，需要先检查CPU是否支持虚拟化，才能安装KVM所需要的软件。

输入命令"$egrep-o'（vmx|svm）'/proc/cpuinfo"，检查CPU是否支持KVM。当出现"vmx"时，表示该CPU支持安装KVM。

安装KVM所需软件，输入"sudoapt-getinstallqemu-kvmlibvirt-binvirt-manager-bridge-utils"命令，其中"virt-manager"为KVM图形用户界面管理窗口，bridge-utils用于网络桥接。

输入命令"lsmod|grepkvm"，查看KVM内核是否加载成功。

KVM加载成功后，开始创建虚拟机，使用以下命令：

virt-install--nameubuntu12--hvm--ram1024--vcpus1--diskpath＝/usr/local/image/disk.img，size＝10--networknetwork：default--accelerate--vnc--vncport＝5900--cdrom/mnt/hgfs/E/ubuntu-12.04-desktop-i386.iso

virt-install是安装命令，--name参数指定安装的虚拟机名称为"Ubuntul2"；--hvm参数表示使用全虚拟化（与para-irtualization相对）；--ram参数设定虚拟机内存大小为1024MB；--vcpus设定虚拟机中虚拟CPU个数为1个；--disk参数设定虚拟机使用的磁盘（文件）的路径为"/usr/local/image/disk.img"；--network参数设置网络使用默认设置即可；--vnc参数设置连接桌面环境的vnc端口为5900；--cdrom参数设置光驱获取虚拟光驱文件的路径为"/mnt/hgfs/E/ubuntu-12.04-desktop-i386.iso"。该命令执行成功，表示虚拟机创建成功。

第三章　云计算管理平台技术

在计算机技术不断发展过程中，数据信息的数量不断增多，为了更加有效地分析各项数据，需要研发各种新技术，云计算就是其中之一。为了保障云计算运行的稳定性，需要设计完善的云计算管理平台。本章重点探讨云管理平台及其功能、云管理平台特点与技术、常见云管理平台分析。

第一节　云管理平台及其功能

大多数互联网企业都建设有由大量计算设备、存储设备、网络设备和相应的配套设施组成的数据中心（Datacenter）。数据中心是互联网企业提供服务的"引擎"，故对其进行的运营和管理是企业各项事务的重中之重。传统的数据中心是孤立的，其自动化程度较低，资源的配置与管理往往需要人为干预，常常会造成资源利用率和管理效率较低等问题，且随着数据中心规模的不断扩大，设备数量将不断攀升，各机房的地理位置也将变得分散，若仍然使用人力的方式管理整个数据中心，则显然是既不经济、也不合理的。

如今的数据中心追求高效的管理和高度的资源利用，而云数据中心则是符合标准的新一代数据中心。云数据中心要适应如今Internet海量数据和服务请求，就必须专注于快速、灵活和自动化地提供服务，如在几分钟内提供可编程、可扩展、多租户感知的基础架构，这种操作根本无法靠人力实现。为此，人们希望通过一套可对云数据中心的资源进行自动化配置、部署、监控和管理的软件系统来实现上述操作，即云计算管理平台。

一、云计算管理平台的概念

（一）云计算平台

云计算平台（Cloud Computing Platform）又称云平台，是指用户获取IaaS、PaaS和SaaS等云计算服务（以下简称云服务）的平台。云平台提供云服务的过程可大致分为将数据中心的基础架构虚拟化为弹性资源池、将弹性资源池中的资源包装为云服务、对云服务进行生命周期管理、将各类云服务上架到门户网站上供用户挑选和购买。对于用户而言，只需在云平台的门户网站上像挑选商品一样获取所需的云服务即可，无须关注诸如服务的实现原理、底层架构和方法规则等信息。"随着云计算技术的发展，云平台已成为推进制造强国、网络强国战略的重要驱动力量，也为大众创业、万众创新提供基础平台，对中国经济转型升级具有重要意义"。^①

云服务的生命周期管理是指在云服务的市场寿命内对其进行的管理，可分为售前管理和售后管理。云服务的生命周期管理过程大致包括需求分析、服务定义、服务注册、服务实例化、服务运行、服务维护和服务终止等，涵盖了云服务从进入市场到退出市场的整个过程。

根据用途的不同，云平台可分为存储型云平台、计算型云平台和两者兼顾的综合型云平台。根据云服务部署方式的不同，云平台可分为公有云平台、私有云平台和混合云平台等。其中，公有云平台是指由大型云服务提供商发布到Internet中的云平台，用户可通过Internet访问云平台的门户网站，如阿里云，并通过付费获取云服务；私有云平台则是指企业使用虚拟化技术将其IT资源搭建为私有云，并为企业网内的用户提供云服务的平台；混合云平台则是指云服务来源多样的平台（包括公有云平台和私有云平台）。

无论如何划分，云平台必须通过云计算管理平台来对资源进行整合、管理和分配。

（二）云计算管理平台

云计算管理平台，也称云管理平台（Cloud Management Platform，CMP），它是用于管理云平台资源的工具，可对大量异构的IT资源进行整合、管控和调配，这些IT资源可能属于同一个云平台，也可能属于不同的云平台。换句话说，CMP不仅可以实现单一云平台的资源管理，还可实现多个云平台的资源管理。

在CMP中，主要集成了诸如服务生命周期管理工具、虚拟机管理工具、存储管理工具、服务计费器等组件，这些组件共同构成了云平台的"控制台"，可对云平台中的云服务进行监控、管理、分析和优化。

在当前的云服务市场中，常见的商用CMP有微软公司的SyslemCenter、VMware的vCloud和Dell的VIS等，它们面向的主要对象是企业私有云和混合云。此外，以OpenStack、Eucalyptus、ApacheCloudStack等为代表的开源CMP也发展迅速，它们通过良好的社区环境弥补了售后支持等不足，成为很多企业和解决方案提供商的新选择，并逐渐在整个市场中占据了一席之地。

---

①周栋.信创混合云管理平台的设计与实现[J].信息系统工程，2022（03）：52.

二、云计算管理平台的功能

"一个完整的云计算数据中心必然包含云管理平台，它也是云数据中心的核心部分。云管理平台的创建，一是为了提高资源的利用率，简化资源和服务的管理和维护，减少数据中心的运营成本；二是为了通过快速、简单和可扩展的方式创建和管理大型、复杂的IT基础设施（服务器、网络、应用、存储设备等）"。[①]云计算管理平台的功能主要包括管理云资源和提供云服务两方面。

（一）管理云资源

管理云资源是指将CMP部署在公有、私有或混合云计算平台上，通过严密的资源管理、权限管理、安全管理、计费管理等管理机制实现数据中心的弹性资源池、云服务及整个云平台的运维管理，从而为用户提供优质可靠的云服务。

CMP的最终目的是实现云资源管理的可视化、可控化和自动化。

（1）可视化。可视化是指CMP使用交互界面和API供用户、开发人员和管理人员对云平台实施管理。针对用户，CMP会为其提供友好的图形交互界面，用户可通过图形交互界面实现提交服务申请、获取服务内容、评价服务质量、请求服务维护等操作；针对开发人员，CMP为其提供了调用方便的RESTfulAPI，可快速实现对云平台中资源的调用；针对管理人员，CMP同样为其提供了图形交互界面，使其可对整个云平台执行测试服务性能、跟踪服务执行状态、查看资源使用情况、统计资源用量等操作。上述的所有交互操作，CMP都通过简单直观的图形或图表形式展现出来，大大降低了云资源管理的操作难度和入门门槛。

（2）可控化。可控化是指CMP通过整合云服务的提供流程和生命周期、资源池中资源和相关技术等因素，保证云服务符合与用户所签订合约中规定的等级和响应效率，使云服务保持高可用性。

（3）自动化。自动化是指CMP可根据用户的请求自动执行云服务开通、监控、处理、结算和扩展等操作。管理人员只需进行少量的操作（甚至不进行操作）即可实现，即CMP可实现服务供应自动化。对于用户而言，由于管理可视化为其提供的交互界面，用户可通过友好的图形交互界面自主选择所需的服务，即CMP可实现服务获取自助化。

为实现上述的三个目标，企业或云服务提供商应充分考虑自身云平台资源及其所提供服务的特点，根据这些特点来部署一个标准、开放、可扩展的CMP，从而实现资源利用最大化和管理最优化。

---

①覃国孙.一种虚拟化云管理平台的设计与实现[J].企业科技与发展，2017（04）：30.

（二）提供云服务

CMP通过对云平台资源的统一管理与整合，实现对云平台上的云服务提供保障和支撑。整体来说，CMP对云服务的支撑包括业务支撑/运维支撑和管理支撑三个层次。

（1）业务支撑。业务支撑是指CMP面向云服务市场和用户的支撑功能，可对用户数据和服务产品进行管理。一般来说，云平台在为用户提供服务时会提供一份云服务等级协议（Service Level Agreement，SLA），它包括了服务的品质、水准、性能等内容，直接与服务的定价相关。评价云服务性能的指标包括响应时间（responsetime）、吞吐量（throughput）和可用性（availability）等，CMP的业务支撑系统可将SLA中的评价指标作为依据，生成服务等级报告提供给用户，从而使用户随时了解服务的运行情况和收费标准。

（2）运维支撑。运维支撑是指CMP面向资源分配和业务运行的支撑功能，主要通过对云平台中的资源调度和管理来保障云服务的快速开通和正常运行。云服务的开通主要涉及业务模板、虚拟机及镜像文件调用、服务请求响应和一对一部署等方面的资源管理。服务开通后，云平台还需要为其提供售后服务，如业务变更时重新配置资源、客户问题解答、服务花费结算等，这些功能均可通过CMP提供的运维支撑系统实现。CMP对云服务的运维支撑功能还体现在监控SLA中规定的服务性能、接收并分析云服务用户的反馈信息、对云服务进行生命周期管理、监控和分析流程执行状况并对流程的各环节进行模拟和测试等。CMP可通过自调节的方式，使云服务性能始终满足SLA的标准，为云服务的运维提供保障。

（3）管理支撑。管理支撑是指CMP面向企业中与云服务相关的人力、财务和工程等因素的管理支撑功能，它可以保障企业云服务的正常运转。CMP可针对不同企业使用的云服务提供对应的管理支撑方案。此外，还可对云服务用户的自助服务提供技术支撑，从而有效降低管理成本，实现人力、财务和工程等因素的科学管理、高效管理和自动化管理。

第二节 云管理平台特点与技术

一、云计算管理平台的特点

云计算管理平台的管理对象是云平台，管理内容包括对云平台中计算资源的调度、部署、监控、管理和运营等，其特点如下：

（一）统一管理云服务

与传统数据中心相比，云数据中心在成本、功能、部署和后期维护上均具有明显的优势。因此，近年来企业纷纷选择"上云"，大多数"上云"企业所获取的云服务来自混合云平台，这些云服务在企业内部彼此关联，共同支撑起整个企业的"云上"体系。但由于这些云服务分属不同的云平台，各有各的管理机制和运行策略，无法直接进行统一的管理。CMP则可以解决这一难题。由于CMP可以实现跨云平台的资源管理，因此用一套方案即可实现对混合云平台中所有云服务的管理，从而有效提高云服务的管理效率。

（二）保障资源安全性

CMP对云平台的管理具有严格的等级性。对于管理人员而言，其可对云平台进行的操作只限在CMP授予的权限范围内进行。对于云服务用户而言，只需通过CMP提供的云平台门户网站购买云服务，云服务的其他细节则对其进行了封装，用户既无须也无法访问云服务所涉及的底层内容。因此，CMP可有效防止云平台的非法操作或不当访问的发生，保障云平台及其中资源的安全性。

同样，CMP还可以保障数据的安全性。一方面，归功于CMP等级管理的特性；另一方面，由于CMP可实现多云管。因此，企业可使用安全性较高的私有云平台中的云存储服务来存储需要高保密级别的文件。

云终端具有相对较高的安全性，因为云终端的设备只有鼠标、键盘和显示界面，用户的数据、Cookie包括用户数据的缓存都没有传输到客户端，都在相对安全的中心服务器环境中。不仅如此，奇观科技的企业安全云的安全性还体现在各种加密的技术上，比如存储技术和传输技术，等等。如此一来，客户操作起来就像在自己的机器上操作一样，很多操作权限需要得到许可，使用者才能复制、备份、打印、修改等。因此，在一些公共区域，如高校或企业内部如果使用云桌面，可以在一定程度上提高Web使用的安全性，并能防止病毒、蠕虫等危险性因素的入侵。

平台分权限和级别对接入用户的操作进行检测和管控，这种特性在企业应用场景中十分适合，当企业需要按部门对员工使用外设的情况进行限制时，企业级云服务平台解决方案可以实时打开此功能来满足企业的需求，以保证企业私有环境中数据的安全性。

（三）简化云服务流程

CMP可实现用户请求的快速响应，并通过自动化管理机制，迅速为云服务的整个生命周期提供支撑，所有流程均可由用户以自助的方式发起，大大简化了用户获取和使用云服务的流程。

（四）最大化利用资源

CMP的云资源管理对象并不是云平台底层用于生产IT资源的基础设施，而是虚拟化后形成的弹性资源池。CMP可根据云平台提供的云服务类型对资源池中的资源进行统计、划分并制定SLA，根据SLA对云服务进行定价和计费，从而核算资源成本与收益，实现资源利用和收益的最大化。

（五）降低桌面维护成本

通过服务器进行运算架构，改变了传统利用前段设备运算的形式，减少了对前段设备运算的依赖，就会延长电脑终端的使用寿命，降低在电脑桌面上的成本投入。

IT工作人员通过集中维护的方式对桌面和应用进行统一管理，既能够针对客户需求设计个性化桌面，满足不同需求，又能实现服务的高效、快捷和安全。

奇观科技Marvel Sky利用独特的传输技术设计出安全云解决方案，使桌面变成了具有针对性和随时性的个性化服务，它可以高效而安全地提供给客户整个桌面或单个应用。各公共领域的用户都可以在云端自由访问自己的桌面。IT管理人员利用操作系统就能够实现对桌面的管理，完成用户的文件配置等工作。

数据中心能够实现对所有的虚拟云桌面的维护和管理，可以轻松地、统一地安装和升级所有桌面，不仅使管理员维护管理工作更为高效便捷，也能够大幅度降低维护桌面成本，并能快速地针对客户需求进行桌面更新。

分布式计算即采用分布式多结点集群的架构方案，对应每个实验室部署一套服务器集群，由一个控制结点和若干个计算结点构成分别支撑实验室内部虚拟机的调度与运算。以一个实验室为单位构建实验室内部网络，作为整体网络中的一个子网，避免外部网络数据的干扰。单点服务器的故障并不会影响整体方案的运行以及用户的体验。

（六）提供弹性资源池

MarvelSky虚拟化平台软件将服务器、存储等虚拟化成弹性资源池。资源池的存储以及计算资源均可以实现按需所取、动态调配。对于系统而言，其可以动态调整资源的利用，实现资源的合理分配及利用率最大化；对于用户来说，其可以获取定制化的虚拟桌面，并且能够根据需求变化申请对云桌面的调整，桌面具有很强的灵活性。

（七）云终端绿色节能

从传统电脑的耗电量来看，一般的台式机功耗在230W左右，就算空闲状态功耗也在100W左右，应当说耗电量还是很大的，计算机桌面的耗电量也非常惊人，按照每年240天，每天10小时工作作为基准，每台计算机桌面耗电量都在500～600W，这样算下来，整体耗电量也很惊人。但是采用桌面云方案后，耗电量会大幅度减少，整个桌面加服务器的能源消耗大概只有原来传统台式机的20%左右，大大降低了整个计算机系统的能源消耗。

二、云计算管理平台的技术

云平台的虚拟资源池由分布式系统中各节点上的虚拟机组成，这些虚拟机大多数是通过不同的VMM（如VMware、Xen.KVM等）部署的，各种不同的VMM均提供了基本的虚拟机管理工具，可对虚拟机进行诸如启动、停用、配置、快照和连接控制台等操作。CMP要管理这些虚拟机资源，可通过API调用等方式直接使用这些现成的管理工具，但管理工具的不统一造成诸多不便，且后续软件版本的不断升级也可能会对整个系统造成影响。

为解决上述问题，人们采用了"分层"的方法，在虚拟资源层上方设置一个抽象的管理层，将所有不同的VMM提供的管理工具进行统一整合，并转换为标准化的API供CMP调用，以便于CMP对虚拟机进行统一管理。

CMP可用的虚拟化API工具有很多，接下来介绍一个开源的虚拟化API工具——libvirt，以及由libvirt提供支持的QEMU。

（一）libvirt

libvirt是一种虚拟化API（virtualizationAPI）工具，它可将不同的VMM提供的若干个虚拟机管理工具整合为标准的API。libvirt项目主要由红帽公司负责运营，由于红帽公司的虚拟化产品大多采用KVM虚拟化解决方案，因此，libvirt对以KVM为VMM创建的虚拟机管理是目前最稳定、最成熟的。除KVM外，libvirt还为VMware、VirtualBox、Hyper-V、Xen和QEMU（稍后介绍）等VMM提供了广泛的支持。

libvirt旨在为CMP提供一套通用的虚拟机管理解决方案，并最小化编程难度。因此，虽然libvirt是使用C语言编写的，但还提供了Java、Python、PHP等编程语言的接口。此外，libvirt还提供了基于高级消息队列协议（Advanced Message Queuing Protocol，AMQP）的消息系统，可实现HostOS和GuestOS及GuestOS之间的通信。与此同时，libvirt采取了安全的加密与认证措施，可实现对虚拟机的远程管理。基于此，libvirt脱颖而出，成为在CMP中使用最广泛的开源VMM管理工具。

1.libvirt的基础组件

libvirt的主要组件包括一个API库（libvirtAPI）、一个指令集（virsh）和一个守护进程（libvirtd）。

（1）libvirt的API库中包含域（这里指虚拟机）管理API（libvirt-domain）、事件管理API（libvirt-event）、主机管理API（libvirt-host）等多个具有不同功能的标准虚拟机管理接口，CMP可根据资源管理的需要，在系统中集成具有相应功能的API以实现对虚拟资源池中各资源的管理和调度。值得一提的是，CMP通过libvinAPI，可管理的虚拟化资源不只是虚拟机资源，还包括存储和网络等的虚拟化资源。

（2）virsh是libvin中默认的虚拟机管理指令集，使用者可在命令行界面（Command Line Interface，CLI）中输入指令集中的指令，以对虚拟机进行启动、停用、配置和连接控制台等操作。virsh指令集中的指令格式为"virsh〈options〉"。例如，若系统中已配置好libvirt，则在CLI中执行"virshlist-all"指令后，CLI将自动列出libvirt支持管理的所有虚拟机管理工具。又如，在CLI中执行"virshshutdown〈vm-name〉"可关闭某台虚拟机。在CMP中为了实现云资源管理的可视化，一般会通过"图形界面+API调用"的方式使用virsh指令集，从而降低管理资源的门槛。

（3）libvirtd是libvirt的守护进程，它随libvirt系统启动自动运行，运行期间不受任何进程或指令的干扰，其功能是保障libvirt所有组件及其功能的稳定运行，在某功能发生故障时进行修复，以及提供远程管理服务支持等。用户若强行关掉libvirtd，会使当前系统中正在运行的虚拟机失去响应，不过，在2009年发布的版本号为0.6.0的libvirt中更改了此机制。

作为一个开源项目，libvirt自发布至今已历经多个版本，每个版本的功能都在不断地丰富。除上述组件外，libvirt还包括virt-manager，virtview、virt-install等组件。

2.libvirt的主要功能

libvirt主要提供的功能包括虚拟机管理、远程机器支持、存储管理、网络接口管理，以及实现基于网络地址转换（Network Address Translation，NAT）和路由的虚拟网络。

（1）虚拟机管理。虚拟机管理是指对虚拟机的生命周期进行管理，具体包括开始、停止、暂停、保存、恢复和迁移，以及对虚拟机多种类型设备（磁盘、网卡、内存和CPU）的热插拔等操作。

（2）远程管理。远程管理是指任何运行了libvirtd的远程主机均可访问和使用libvirt的所有功能。libvirt支持多种远程传输协议，如最简单的安全外壳协议（secureshell，SSH），用户无须额外的配置工作即可实现对libvirt的远程访问。

（3）存储管理。存储管理是指任何运行了libvirtd的主机均可用于管理不同类型的存储，其管理内容包括创建不同格式的文件镜像，列出现有的LVM卷组，创建新的LVM卷组和逻辑卷，对原始磁盘设备进行分区等。且由于libvirt的远程管理功能，上述管理功能均可在远程主机上实现。

（4）网络接口管理。网络接口管理是指在任何运行了libvirtd的主机上均可对资源层的物理或逻辑网络接口进行管理，同样支持远程管理。

（5）实现基于NAT和路由的虚拟网络。实现基于NAT和路由的虚拟网络是指在任何运行了libvirtd的主机上均可实现和管理虚拟网络，如VLAN和VPN等。

（二）QEMU

QEMU是一个通用的开源硬件模拟器（emulator）和虚拟化软件。与大多数虚拟化软件相比，QEMU的优势在于可在HostOS或裸物理主机上模拟仿真出几乎所有的处理器架构（如x86、arm64）及其他硬件（如内存、网卡等）。但是，由于所有的模拟均通过纯软件手段实现，因此运行效率较低。QEMU实现不同架构硬件模拟的核心技术是动态二进制翻译技术，它可将QEMU从GuestOS及其应用程序接收的请求翻译为所在宿主机上处理器支持的二进制指令，并交给底层硬件执行。

作为集成在Linux内核中的开源虚拟化技术，KVM在服务器虚拟化领域有着十分广泛的应用，且由于libvirt对KVM提供的支持最稳定，故在云平台的资源组成中，KVM虚拟机占有相当大的比重。KVM虚拟化的运行效率较高，可弥补QEMU运行效率的不足。KVM技术在硬件的模拟仿真（如网卡和I/O设备）上仍存在很多局限性，而QEMU则恰好可以弥补这些不足。因此，在KVM和QEMU的各版本中均具有与彼此相适配的功能和接口，两者共同组成了称为QEMU-KVM的虚拟化解决方案，使用这种架构部署的虚拟机可实现接近原生的性能。

QEMU-KVM架构可实现功能齐全、性能优良的服务器虚拟化，libvirt则可为CMP提供统一的管理接口，三者共同构成了一套完整的资源管理方案。这套方案具有不输于商业化解决方案的性能，且开源免费，故成为越来越多的CMP（如OpenStack）进行云资源管理的底层技术。

第三节　常见云管理平台分析

一、Eucalyptus平台

（一）Eucalyptus的起源

在开源Iaas平台世界中，目前流行的主要有OpenStack、Eucalyptus、Cloud Stack和Open Nebula等。其中Eucalyptus平台是较早开始商业化的一个开源平台。

Elastic Utility Computing Architecture for Linking Your Programs To Useful Systems（Eucalyptus）是一种开源的软件基础结构，用来通过计算集群或工作站群实现弹性的、实用的云计算。Eucalyptus最早诞生在美国加州大学圣巴巴拉分校，是由教授RickWolski和其带领的6个博士生发起的一个研究项目。根据AWSEC2API实现了一个开源EC2平台，2008年第一个版本发布，美国宇航局（NASA）率先使用了Eucalyptus。2009年Eucalyptus SystemInc成立，开始Eucalyptus的商业化之路。2010年，著名开源领军人物MartenMickos（前Mysql CEO）加入Eucalyptus SystemInc，成为CEO。虽然Eucalyptus现在已经商业化，发展成为EucalyptusSystemsInc。不过，Eucalyptus仍然按开源项目维护和开发。Eucalyptus Systems还在基于开源的Eucalyptus构建额外的产品，提供支持服务。

（二）Eucalyptus的特点

在四大开源IaaS平台中，Eucalyptus一直与AWS的IaaS平台保持高度兼容而与众不同，Eucalyptus是AWS承认的唯一和AWS高度兼容的私有云和混合云平台。

从诞生开始，Eucalyptus就专注于和AWS高度兼容性，瞄准AWSHybrid市场，目前Eucalyptus的很多用户或者商业化用户也是AWS用户，他们使用Eucalyptus来构建混合云平台。Eucalyptus的AWS兼容性主要体现在以下五个方面：

（1）广泛AWS服务支持。除了EC2服务，Eucalyptus提供AWS主流的服务，包括S3、EBS、IAM、Auto Scaling Group、ELB、Cloud Watch等，而且Eucalyptus在未来的版本里，还会增加更多的AWS服务。

（2）高度API兼容。在Eucalyptus提供的服务中，其API和AWS服务API完全兼容，Eucalyptus的所有用户服务（管理服务除外）都没有自己的SDK，Eucalyptus用户以使用AWSCLI或者AWSSDK来访问Eucalyptus的服务。Eucalyptus提供的euca200ls工具可以同时管理访问Eucalyptus和AWS的资源。

（3）应用迁移。在Eucalyptus和AWS之间，非常容易进行Application的迁移。Eucalyptus的虚拟机镜像EMI和AWS的AMI的转换非常容易。

（4）应用设计、工具和生态系统。运行在AWS的工具或者生态系统完全可以在Eucalyptus上使用，著名的例子是netflix的OSS，Eucalyptus是唯一可以运行netflixOSS的开源IaaS平台，netflix是AWS力推的AWS生态系统榜样，netflixOSS提供AWS上Application服务框架和Cloudg管理工具。

正因为Eucalyptus一直和AWS高度兼容，使用Eucalyptus用户完全可以搭建一个运行在自己数据中心的AWSregion。

（5）Eucalyptus的平台服务体系架构。Eucalyptus的服务大概分为以下三层：

1）基础资源服务：包括弹性云计算服务（EC2）、弹性块存储服务（EBS）、简单对象存储服务（S3）以及网络服务。

2）应用管理服务：包括弹性负载均衡（ELB）、自动伸缩组（autoscaling group）和cloudwatch。

3）部署管理服务：主要是cloudformation。

另外，Eucalyptus也实现了一些基础平台服务，如IAM服务，Eucalyptus提供euca200ls工具和userconsole来访问和管理云资源。和Open Stack、Cloud Stack一样，Eucalyptus也支持KVM、XEN和VMware虚拟化技术。

（三）Eucalyptus的服务

Eucalyptus主要提供以下网络服务：

（1）安全组。主要为虚拟机提供三层网络防火墙服务。

（2）弹性IP和私有IP。为虚拟机提供固定PrivateIp（一个私有NIC），实现虚拟机间通信。为虚拟机提供弹性IP，通过弹性IP把虚拟机接入外部网络，对外提供服务。

（3）二层隔离。通过VLAN或者ebtable为租户提供二层网络隔离服务。

（4）Metadata服务。为虚拟机提供Metadata服务，虚拟机通过访问169.254.169.254这个地址获取虚拟机的元数据。

（四）Eucalyptus的架构

Eucalyptus Cloud系统是模块化和分布式的架构，系统由一系列可单独部署的组件组成，这些组件通过Web Service进行交互构成一个分布式系统。Eucalyptus包含5个主要组件，分别是Cloud Controller（CLC）、Cluster Controller（CC）、Node Controller（NC）、Walrus（W）和Storage Controller（SC），它们能相互协作共同提供所需的云服务。这些组件使用具有WS-Security的SOAP安全地相互通信。

一个Eucalyptus Cloud云可以由多个Cluster组成，因为一个Eucalyptus Cloud等于一个AWSRegion，所以可以把一个Cluster看成AWSRegion中的一个Available Zone。在具体的部署环境中，每个Cluster可以是一个数据中心，也可以是数据中心的部分基础资源，如服务器、存储和网络等。

1.Cloud层

Cloud层的组件包括Cloud Controler（CLC）和Walrus。Cloud层组件是全局部署的，一个Eucalyptus Cloud只需要部署一个CLC和Walrus。

Cloud Controller组件是Eucalyptus Cloud的大脑，负责管理整个系统，CLC是APIserver，同时也负责云平台内所有资源的调度和Provision管理。

在Eucalyptus云内，最主要的控制器组件就是CLC，不管是管理员还是普通用户，都是通过CLC进入Eucalyptus内的。通过SOAP或REST的API用户能够实现与CLC通信。CLC还有一个重要的功能，是将请求传输给相关的组件，同时将来自这些组件的反馈整理收集并回复给客户机。可以说CLC是Eucalyptus云的门户。

Walrus控制器组件管理对Eucalyptus内存储服务的访问，为Eucalyptus提供S3服务，同时，Walrus也用来存储Eucalyptus Cloud的Image文件和EBSsnapshot。对它的请求通过基于SOAP或REST的接口传递至Walrus。

2.Cluster层

每个Cluster都需要部署相应的Cluster层组件来管理Cluster内的服务器、存储和网络，这些组件把底层的物理资源组织成资源池，供Cloud Controller进行资源获取和调度。

Cluster Controller 组件（CC）相当于 Cluster 的大脑，负责 Cluster 内的资源获取和调度，也是主要网络服务的实现者，能够实现对整个虚拟实例网络的管理。CC 的主要职能是维护 NodeController 的全部信息，对它的请求可以通过 SOAP 或 REST 的接口进行传输。CC 还能够掌控这些实例的存在时间，通过启动虚拟实例的请求路由实现可用资源的 Node Controller。

Storarge Controller组件（SC）存储服务实现Amazon的S3接口，管理Cluster内存储资源，负责提供EBS服务。SC与Walrus相连才能发挥作用，它的功能主要是存储各种数据，比如内核映像、虚拟机映像、RAM映像，等等。VM映像既能是私人的，也能是公共的，而且最开始是以加密和压缩的形式存储，这些映像不是随时都能被破解的，需要通过一个新的实例在某一特点节点请求访问此映像才能被破解。

如果使用VMware，VMware Broker负责管理Cluster内的ESXI或者vCenter。

3.Node层

一个Cluster内会有多台服务器，Eucalyptus需要在服务器上部署Node Controller组件（NC），Node Controller主要是和KVM/XENHypervisor通信，负责虚拟机的管理，以及为虚拟机接入存储和网络服务。

Node层控制主机操作系统及相应的Hypervisor（Xen或KVM），必须在托管了实际的虚拟实例的每个机器上运行NC的一个实例。

二、Open Stack平台

（一）Open Stack的概述

Open Stack是由Rackspace Cloud和NASA（美国国家航空航天局）在2010年发起的，集成了NASA的Nebula平台的代码与Rackspace的Cloud Files平台。第一个核心模块被称为Computeand Object Storage（计算和对象存储），但更常见的是它们的项目名称，如Nova或者Swift等。

Open Stack是云计算管理平台项目，该项目具有开源性，需要多个组件组合完成工作。该项目致力于提供操作方便、拓展规模简单、丰富且标准统一的云计算管理平台，它几乎支持各类型的云环境。Open Stack能够提供API集成服务，并通过服务的互补解决基础设施的服务问题。

Open Stack作为一个开源的云操作系统，把各种分散的硬件，组成一个很大的硬件集群，在上面分布了各种资源，如计算资源、存储资源、网络资源等。开发者不需要关注这些资源在什么地方，只需要通过Open Stack提供一个统一的API，就可以在自己的应用程序中调用到各种资源，完成应用程序想做的事情。

Open Stack主要为现在的云计算时代提供的服务包括：计算服务、存储服务以及网络服务。提供这些服务少不了周边的各种辅助性服务，比如身份的认证，它可以用于对这些资源权限的各种控制，另外这些资源的使用应该有一个友好的UI，所以还要有一个管理界面。当然，要想把这些服务做好，还需要一些如计费服务，如果不能精确地度量这些资源的使用情况，是无法收费的。

这些服务是由一些开源的项目来支撑，计算服务由Nova项目来支撑，存储服务有三个对应的主要项目：Swift提供对象存储；Cinder用于提供块存储，可以认为是一个网络磁盘。Glance不算是一个严格意义上的存储，它提供的是虚拟机的模板。同时还有认证服务，认证服务也可以用于别的功能，在Open Stack中主要是由Key Stone项目来支撑的。然后就是网络服务，这种云里面的网络在Open Stack中是由Neutron这个组件或者说项目来支撑的。综合这些服务，它提供了一个比较完整的基础设施这一层（也就是我们常说的IaaS层）的云服务。

（二）Open Stack的功能

云计算能够借助SaaS、PaaS、IaaS等服务模式，并可以利用网络把若干计算实体合成一个巨大的计算资源库，通过上述模式将计算能力分散发放到各用户的电脑中。云计算的最终宗旨是，通过大幅提升云端处理能力为用户减负，将传统的IT功能用服务的形式提供给用户，用户终端最终变成一个简单的输入或输出设备，无须复杂的处理，让用户最大限度享受云计算强大处理能力带来的便利。

Open Stack具有建设这样云端的能力，通过Openstack的各种组件多种模式的排列组合，可以搭建成各种规模的云，这些云可以是私有云、公有云或混合云。

Open Stack的三大核心项目Nova、Cinder和Neutron分别对应了Open Stack三种重要功能，即计算、存储和网络。Nova解决了计算资源的管理问题，而且Nova还支持多种Hyperviosr，能够管理跨服务器网络的VM实例。Cinder解决了存储资源的管理问题，能够实现对不同厂商提供专业存储设备的高效管理。Neutron则提供了网络虚拟化技术，通过网络连接服务支持Open Stack。

（三）Open Stack的架构

从整体来看Open Stack，每个组件都需要有认证服务来支撑，每一个服务、每一个资源，都需要先去认证才能进行各种操作。当然也需要对每种资源进行精确的度量，来进行计费、优化等。所以需要有一个叫Ceiloneter的服务，在这里主要充当计量的作用。还有各种主要的服务，Nova主要服务计算资源的管理；Neutron主要负责网络资源的操作；Glance负责镜像的管理；Swift负责对象存储；Cinder负责块存储；Heat负责资源的统一编排，提供一些比较高级的部署服务；Horizon主要负责所有这些资源的管理UI。它们的架构都是分布式的，每一块都可以拆开部署，每个组件也可以部署在多个物理机上。因此，Open Stack是一个比较松散、低耦合的架构。

三、Marvel Sky平台

（一）Marvel Sky的模块

奇观科技的Marvel Sky云平台通过企业级云服务平台，简化了80%以上的桌面运维工作，实现了最大限度降低系统升级的成本，有效提升企业信息资产安全，打造桌面随身行的办公模式。Marvel Sky云平台主要包含云平台资源调度模块、终端设备支持模块、镜像衍生处理模块、数据中心引擎模块和安全服务管控模块五个模块。

（1）云平台资源调度模块。云平台资源调度模块是本平台的核心部分，用以执行实际的资源供应与部署。其主要功能包括：执行集群管理的任务；为请求的应用配置和管理已安装的镜像；调度虚拟资源和进行弹性计算，为云平台的部署和运行提供了安全的网络环境。

（2）终端设备支持模块。终端设备支持模块主要是使用云平台资源的终端设备，通过虚拟化技术，整合异构平台的硬件资源。为云平台的使用者提供多元化的终端设备，实现设备与平台之间的无缝链接。

（3）镜像衍生处理模块。镜像衍生处理模块提供了各种虚拟机镜像，以服务的形式提供给用户。一个完整的用户虚拟机镜像可分为基础镜像、扩展镜像、定制镜像。基础镜像主要存放纯净版操作系统数据，扩展镜像在基础镜像之上增加相应功能，定制镜像则根据用户具体需求安装所需软件。

（4）数据中心引擎模块。云资源集中于该模块，为上层模块提供统一的应用，从统一API获取参数，并通过API触发Miracle Cloud存储管理器。该模块拥有计算结点和控制结点的功能，用以调度和控制服务器资源。

（5）安全服务管控模块。对计算资源、授权、扩展性、网络等进行管理。在该模块形成一个庞大的安全中心，包括对外接设备的管理和控制。

（二）方案构架设计

奇观科技企业级云服务平台解决方案能够以一种安全有效且易于管理的方式访问企事业单位数据中心的资源，通过在服务器系统上存放桌面镜像，搭建私有云平台，可以达到提高桌面计算可管理性等目的。

奇观科技企业级云服务的Marvel Sky平台，给每位使用者提供一个隔离的寄存桌面平台环境，这里所说的"隔离"，指的是每个寄存桌面平台映像都会在自己的虚拟机中执行，完全独立于主机服务器上的其他使用者之外。也就是说每位使用者可使用自己的桌面环境并且允许资源分配，不会因其他使用者的应用程序或系统出现问题而受影响。

利用Marvel Sky云平台的特性和Nit Cloud管理系统的优点，以标准的虚拟硬件方式和严谨的硬件相容表的筛选，大幅减少了对硬件驱动程序的不兼容性。Marvel Sky平台可动态调整虚拟机对资源的需求，透过资源的共享可大幅增加使用者在桌面云环境中的使用满意度。

相较于以集中化的终端服务器为主的环境，Marvel Sky平台给每一位桌面环境使用者提供一部独立的虚拟机，而不是共享使用的。

奇观科技企业级云服务平台以云计算的技术结构体系为基础，通过对各类资源的综合整理，形成各类应用的合成，并提升信息服务能力，逐步提高和开拓平台的综合性和开放性，并在此基础上不断引入新的资源。奇观科技企业级云服务平台为各类应用程序提供了一个虚拟的运行环境，此环境是通过平台的虚拟化组件和虚拟化技术集合应用程序与操作系统的整合而搭建成功的。

奇观科技应用虚拟化是将应用程序全部集中在服务器上运行，将虚拟化程序在服务器后台运行。服务器利用自身的系统资源，将程序以数据的方式传输到客户机上，客户在自己的终端就能看到运行结果。这一虚拟化技术在校园极其适用，它可以不改变校园网现有的拓扑结构，校园网如果想要运用这一技术，只需要在校园网数据中心的局域网内增加一组虚拟应用服务器就可以。

（三）方案构成组件

1.弹性资源配置平台ERAP

弹性资源配置平台（Elastic Resources Allocation Platform，ERAP）是将企业数据中心中所有服务器、存储和网络设备进行集中统一管理，通过资源池化、模板配置和动态调整等功能为用户提供整合的、高可用性的、动态弹性分配、可快速部署使用的IT基础设施。打破了传统资源部署模式下应用系统之间的"资源竖井"，可根据应用对资源的需求类别和程度动态调配资源，实现了应用和资源的最佳结合。

ERAP平台同时能提高数据中心的运维效率，降低成本和管理复杂度，自动化的资源部署、调度和软件安装保证了业务的及时上线和应用的快速交付能力。

基于ERAP平台提供一套完善的资源管控系统，用户可以方便地实现对所需配置系统的申请以及应用等。在管控系统中，终端用户可以对云端系统的各项资源指标进行配置选择，包括各项虚拟硬件指标已经系统镜像等。

2.应用虚拟化平台

应用模拟化的基本概念是：将计算机应用程序的显示和计算逻辑分开，使界面变得抽象，当使用者访问虚拟的应用时，用户计算机就会将人机交互数据传输到服务器端，服务器端会通过应用程序的计算逻辑来为用户开设独立的会话，再将经过计算的显示内容传输到用户端，这样的过程会让用户有在本地计算机使用应用程序的用户体验。

奇观科技企业级云服务平台中的应用虚拟化组件提升了同构及虚拟化方案的性能，解决了应用程序之间的兼容性问题，使应用程序和软件的运行稳定程度更高。运用了虚拟化技术之后，每个应用程序都能够在相互独立的虚拟环境中运行，不会出现不同应用程序的不兼容问题，而且可以在同一计算机上运行同一应用程序的不同版本。这一功能使应用程序的安装运行效率得到了显著提升。应用程序虚拟化技术，简化了很多的应用程序部署管理过程，它能够根据不同客户应用程序的具体使用情况，有针对性地对客户进行应用程序分配，解决了每台计算机都需要安装大量应用程序的问题，并通过这种方式实现对应用程序使用时间、使用效率的高效管理。就连应用程序的升级、删除、更新等工作，应用程序虚拟化技术都可以有效安排，管理员需要做的仅仅是对服务器进行维护，这样大大提高了管理员的工作效率，降低了工作强度。

应用虚拟化技术同时还提高了程序的安全性，虚拟应用程序不会在终端留下数据痕迹，用户操作的只是该技术推送过来的画面信息。用户在该技术下操作的虚拟应用程序，只是用户的设备对网关的虚拟接入，而不是直接对服务器本身的访问，使得虚拟应用不具备被侵入危险，大大提升了应用虚拟化的安全性能。

3.FTC协议

FTC（Fast Transport Cloud，快速传输云）协议是用于远程云桌面系统中的一个显示协议，可提供给云计算用户丰富、高效、接近本地端用户的运算体验，包含高质量的多媒体内容的传送。由于FTC协议工作在帧缓冲区层次上，因此它对于几乎所有的窗口系统和应用都适合。FTC协议可以进行如字节流或基于消息可靠数据传输，而且FTC协议能提供基于TCP/IP的跨平台云服务远程桌面控制。从OSI七层参考模型来看，FTC协议是一个应用在传输层上的网络协议，负责完成最高三层协议的任务，即会话层、表示层和应用层。

远程终端用户使用的输入输出设备（如显示器、键盘/鼠标）称为FTC客户端，提供帧缓存变化的称为FTC服务器。FTC是真正意义上基于云计算的桌面显示协议。FTC协议设计的重点在于减少对客户端的硬件需求。在此方面上，FTC能够非常方便地在多数硬件平台上运行，而且，客户端任何应用程序的运行都不会影响FTC的连接状态，也就是说不管在什么情况下，客户面对的都是一个流畅、完整的用户界面。FTC协议包括图像显示协议、输入协议、像素数据表示、协议扩展、协议消息几个部分，其具体工作流程分为两个阶段：初次握手阶段和协议交互阶段。

初次握手阶段包括协议安全、版本、客户机和服务器初始消息几部分。客户端和服务器端之间会互相发送一个协议版本消息。协议交互阶段包括的内容比较复杂，典型的有密码认证、协商帧缓冲更新消息中的像素值的表示格式、编码类型协商、帧数据的请求与更新等。

4.安全云盘

奇观科技企业级安全云盘是基于Hadoop企业私有的安全云盘服务器，每个虚拟机都可以通过加密通道，像操作本地硬盘一样对云盘进行读写操作，而数据存储在企业私有云盘服务器上时，已经被加密，最终实现企业数据的集中存储和安全防护。

依赖Hadoop分布式存储技术，依靠稳定的集群，分块存储设计原则，加上多重备份功能，为文件的存储提供了高效、稳定的存储机制。数据加密采用高级加密标准（Advanced Encryption Standard，AES），在密码学中又称Rijndael加密法，是美国联邦政府采用的一种区块加密标准。AES采用对称分组密码体制，密钥长度的最少支持为128/192/256位，分组长度为128位。先进的加密机制保障了数据的安全。

5.高性能计算

高可用性方案有一定的局限性，因为需要购买新的硬件设施，导致成本高且后期维护麻烦。奇观科技Miracle Cloud企业虚拟化以软件的方式实现高可用性的要求，把意外死机的恢复时间降至最低。以现有硬件计算能力为基础，Miracle Cloud通过在多台服务器安装虚拟化软件的方式实现系统的稳定运行，如此，即使一台服务器出现故障或意外死机，Miracle Cloud虚拟化软件会自动将应用系统变更到别的服务器上，保证系统的正常运行，用最低的成本提升了系统运行的稳定性和安全性。

Miracle Cloud Vscheduler虚拟化平台特有的负载均衡技术，能够通过自动的形式调整和整合虚拟机运行环境，该技术可以提前设计管理方式，根据情况调整虚拟机运行的环境，合理地将运算资源分配给运算能力不同的服务器，比如将大量的运算资源分配给闲置的运算能力强的服务器，同时根据具体情况还会进行动态调整，使运算资源在不同服务器之间合理运行和转换，最终保证系统的高质量服务。

6.接入平台

奇观科技企业级云服务平台提供多种安全方便地接入方式，采用全新的云终端产品登录方案和软拨号登录平台方案。

云终端支持本公司特用的FTC传输协议，配置低功耗、高运算功能的嵌入式处理器、小型本地闪存、精简版操作系统，不可移除地用于存储操作系统的本地闪存以及本地系统内存、网络适配器、显卡和其他外设的标配输入/输出组件。

软拨号端系统技术的核心是虚拟平台的网络化技术，该技术与硬件无关，不用单独关注计算机的硬件配置，只注意到不同计算机运行的应用环境就可以，只要在同样的应用环境下，就算是两台硬件配置存在很大差异的计算机也可以同样安全运行。通过这种简单的方法，在一定程度上解决了低配置计算机无法运行高性能系统的问题。并且奇观科技软拨号端提供多种用户模式登录，对单一客户实例可以同时提供多台虚拟系统，并对其进行统一管控。

第四章　云计算数据处理技术

随着时代的科技创新，信息技术不断发展并应用于各类社会活动中。云计算以集成数据、大范围处理计算的特点减少了大量的人工处理，降低了运算成本，有效增加了作业完成度。基于此，本章主要探讨云计算与大数据、分布式数据存储技术、并行编程与海量数据管理。

第一节　云计算与大数据

一、大数据及其可视化技术

提起云计算中的数据处理技术，就离不开大数据，云计算中的数据处理在本质上是对大数据进行存储、计算和管理。

（一）大数据及其特征

大数据也称海量数据或巨量数据，是指数据量大到无法利用传统的数据处理技术在合理的时间内获取、存储、管理和分析的数据集合。"大数据"一词，除用于描述信息时代产生的海量数据外，也可用于指代与之相关的技术、创新与应用。

大数据具有海量的数据规模（volume）、快速的数据流转（velocity）、多样的数据类型（variety）和较低的价值密度（value）四个特征，可简称4V特征。

（二）大数据平台的能力

实现对大数据的管理需要大数据技术的支撑，但仅仅使用单一的大数据技术实现大数据的存储、查询、计算等不利于日后的维护与扩展，因此构建一个统一的大数据平台至关重要。

（1）数据采集能力。拥有数据采集能力要有数据来源，在大数据领域，数据是核心资源。数据的来源方式很多，主要包括公共数据（如微信、微博、公共网站等公开的互联网数据）、企业应用程序的埋点数据（企业在开发自己的软件时会接入记录功能按钮及页面的点击等行为数据）以及软件系统本身用户注册及交易产生的相关用户及交易数据。对数据的分析与挖掘都需要建立在这些原始数据的基础上，而这些数据通常具有来源多、类型杂、体量大三个特点。因此，大数据平台需要具备对各种来源和各种类型海量数据的采集能力。

（2）数据存储能力。大数据平台对数据进行采集之后，就需要考虑如何存储这些海量数据，根据业务场景和应用类型的不同会有不同的存储需求。比如针对数据仓库的场景，数据仓库的定位主要是应用于联机分析处理，因此往往会采用关系型数据模型进行存储。针对一些实时数据计算和分布式计算场景，通常会采用非关系型数据模型进行存储。还有一些海量数据会以文档数据模型的方式进行存储。因此，大数据平台需要具备提供不同的存储模型以满足不同场景和需求的能力。

（3）数据处理与计算能力。在对数据进行采集并存储下来之后，需要考虑如何使用这些数据。需要根据业务场景对数据进行处理，不同的处理方式会有不同的计算需求。比如针对数据量非常大，但是对时效性要求不高的场景，可以使用离线批处理；针对一些对时效性要求很高的场景，需要用分布式实时计算来解决。因此，大数据平台需要具备灵活的数据处理和计算的能力。

（4）数据分析能力。在对数据进行处理后，可以根据不同的情形对数据进行分析。如可以应用机器学习算法对数据进行训练，然后进行预测和预警等；还可以运用多维分析对数据进行分析来辅助企业决策等。因此，大数据平台需要具备数据分析的能力。

（5）数据可视化与应用能力。数据分析的结果仅用数据的形式进行展示会显得单调且不够直观，因此需要把数据进行可视化，以提供更加清晰直观的展示形式。对数据的一切操作最后还是要落实到实际应用中，只有应用到现实生活中才能体现数据真正的价值。因此，大数据平台需要具备数据可视化并能进行实际应用的能力。

（三）大数据平台的架构

随着数据的爆炸式增长和大数据技术的快速发展，很多国内外知名的互联网企业，如国外的Google、Facebook，国内的阿里巴巴、腾讯等早已开始布局大数据领域，他们构建了自己的大数据平台架构。根据这些著名公司的大数据平台以及大数据平台应具有的能力可得出，大数据平台架构应具有数据源层、数据采集层、数据存储层、数据处理层、数据分析层以及数据可视化及其应用的六个层次。

1.数据源层

在大数据时代，谁掌握了数据，谁就有可能掌握未来，数据的重要性不言而喻。众多互联网企业把数据看作他们的财富，有了足够的数据，他们才能分析用户的行为，了解用户的喜好，更好地为用户服务，从而促进企业自身的发展。

数据来源一般为生产系统产生的数据，以及系统运维产生的用户行为数据、日志式的活动数据、事件信息等，如电商系统的订单记录、网站的访问日志、移动用户手机上网记录、物联网行为轨迹监控记录。

2.数据采集层

数据采集是大数据价值挖掘最重要的一环，其后的数据处理和分析都建立在采集的基础上。大数据的数据来源复杂多样，而且数据格式多样、数据量大。因此，大数据的采集需要实现利用多个数据库接收来自客户端的数据，并将收集的数据汇集到分布式储存集群或者大型分布式数据库中进行分析处理，在此之前，也可以做一些简单的甄别筛选工作。

数据采集用到的工具有Kafka、Sqoop、Flume、Avro等。其中Kafka是一个分布式发布订阅消息系统，主要用于处理活跃的流式数据，作用类似缓存，即活跃的数据和离线处理系统之间的缓存。Sqoop主要用于在Hadoop与传统的数据库间进行数据的传递，可以将一个关系型数据库中的数据导入Hadoop的存储系统中，也可以将HDFS的数据导入关系型数据库中。Flume是一个高可用、高可靠、分布式的海量日志采集、聚合和传输的系统，它支持在日志系统中定制各类数据发送方，用于收集数据。Avro是一种远程过程调用和数据序列化框架，使用JSON来定义数据类型和通信协议，使用压缩二进制格式来序列化数据，为持久化数据提供一种序列化格式。

3.数据存储层

在大数据时代，数据类型复杂多样，其中主要以半结构化和非结构化为主，传统的关系型数据库无法满足这种存储需求。因此，针对大数据结构复杂多样的特点，可以根据每种数据的存储特点选择最合适的解决方案。对非结构化数据，采用分布式文件系统进行存储，对结构松散无模式的半结构化数据采用列存储、键值存储或文档存储等NoSQL存储，对海量的结构化数据采用分布式关系型数据库存储。

文件存储有HDFS和GFS等。HDFS是一个分布式文件系统，是Hadoop体系中数据存储管理的基础，GFS是Google研发的一个适用于大规模数据存储的可拓展分布式文件系统。

NoSQL存储有列存储HBase、文档存储MongoDB、图存储Neo4j、键值存储Redis等。HBase是一个高可靠、高性能、面向列、可伸缩的动态模式数据库。MongoDB是一个可扩展、高性能、模式自由的文档性数据库。Neo4j是一个高性能的图形数据库，它使用图相关的概念来描述数据模型，把数据保存为图中的节点以及节点之间的关系。Redis是一个支持网络、基于内存、可选持久性的键值存储数据库。

关系型存储有Oracle、MySQL等传统数据库。Oracle是甲骨文公司推出的一款关系数据库管理系统，拥有可移植性好、使用方便、功能强等优点。MySQL是一种关系数据库管理系统，具有速度快、灵活性高等优点。

4.数据处理层

计算模式的出现有力地推动了大数据技术和应用的发展，然而，现实世界中的大数据处理问题的模式复杂多样，难以有一种单一的计算模式能涵盖所有不同的大数据处理需求。因此，针对不同的场景需求和大数据处理的多样性，产生了适合大数据批处理的并行计算框架Map Reduce，交互式计算框架Tez，迭代式计算框架GraphX、Hama，实时计算框架Druid，流式计算框架Storm，Spark Streaming等以及为这些框架可实施的编程环境和不同种类计算的运行环境（大数据作业调度管理器Zoo Keeper，集群资源管理器YARN和Mesos）。

Spark是一个开源集群计算系统，它在内存计算的基础上加快数据处理。Map Reduce的框架属于分布式并行计算软件框架，主要作用是并行运算大规模数据集。Tez属于DAG计算框架，它的计算框架建立在YARN之上，主要作用是可以把多个相连的作业变成一个作业，并将DAG作业的性能大大提升。GraphX是一个同时采用图并行计算和数据并行计算的计算框架，它在Spark之上提供一站式数据解决方案，可方便高效地完成一整套流水作业。Hama是一个基于BSP模型（整体同步并行计算模型）的分布式计算引擎。Druid是一个用于大数据查询和分析的实时大数据分析引擎，主要用于快速处理大规模的数据，并能够实现实时查询和分析。Storm是一个分布式、高容错的开源流式计算系统，它简化了面向庞大规模数据流的处理机制。Spark Streaming是建立在Spark上的应用框架，可以实现高吞吐量，具备容错机制的实时流数据的处理。YARN是一个Hadoop资源管理器，可为上层应用提供统一的资源管理和调度。Mesos是一个开源的集群管理器，负责集群资源的分配，可对多集群中的资源做弹性管理。Zoo Keeper是一个以简化的Paxos协议，作为理论基础实现的分布式协调服务系统，它为分布式应用提供高效且可靠的分布式协调一致性服务。

5.数据分析层

数据分析是指通过分析手段、方法和技巧对准备好的数据进行探索、分析，从中发现因果关系、内部联系和业务规律，从而提供决策参考。在大数据时代，人们迫切希望在普通机器组成的大规模集群上实现高性能的数据分析系统，为实际业务提供服务和指导，进而实现数据的最终变现。

常用的数据分析工具有Hive、Pig、Impala、Kylin，类库有MLlib和SparkR等。Hive是

一个数据仓库基础构架，主要用来进行数据的提取、转化和加载。Pig是一个大规模数据分析工具，它能把数据分析请求转换为一系列经过优化处理的Map Reduce运算。Impala是Cloudera公司主导开发的MPP系统，允许用户使用标准SQL处理存储在Hadoop中的数据。Kylin是一个开源的分布式分析引擎，提供SQL查询接口及多维分析能力，以支持超大规模数据的分析处理。MLlib是Spark计算框架中常用机器学习算法的实现库。SparkR是一个R语言包，它提供了轻量级的方式，使得我们可以在R语言中使用Apache Spark。

6.数据可视化及其应用

数据可视化技术可以为用户提供更加清晰直观的数据表达形式，利用映射关系、图片或表格把数据之间的复杂关系用更加简易、友好的智能化、图像化形式展现给用户，便于用户分析和使用。数据可视化可以帮助用户更好地诠释复杂数据和理解复杂数据，可视化是用户理解和分析数据的重要途径，用户通过直观的表达方式可以实现数据访问接口的有效连接。可视化交互过程可以通过可视化界面来实现，并通过数据分析、推理和决策，将复杂的数据分析、整合，进而加深用户对复杂情景的深刻认识和理解，这些认知可以帮助用户探索未知信息和检验已有的预测信息，并且，可视化还可以为用户提供更加快速有效、简单易懂的评估和交流手段。

大数据应用目前朝着两个方向发展：一是以盈利为目标的商业大数据应用；二是不以营利为目的，侧重于为社会公众提供服务的大数据应用。商业大数据应用主要以Facebook、Google、淘宝、百度等公司为代表，这些公司以自身拥有的海量用户信息、行为、位置等数据为基础，提供个性化广告推荐、精准化营销、经营分析报告等。公共服务的大数据应用，如搜索引擎公司提供的诸如流感趋势预测、春运客流分析、紧急情况响应、城市规划、路政建设、运营模式等得到广泛应用。

（四）大数据Hadoop生态系统架构

Hadoop的开发商是Apache基金会，Hadoop属于分布式系统基础架构。用户DT对分布式底层的情况并不了解，在开发程序的过程中，用户DT充分利用集群威力存储和运算数据。

Hadoop的分布式系统基础框架决定了它的设计核心是HDFS和Map Reduce。HDFS的特点是：具有强大的数据存储功能和较高的容错性，设计成本低，它的硬件设备相对低廉。HDFS的信息吞吐量非常大，可以充分满足应用程序的数据访问，它更适合应用于数据集超大的应用程序中。HDFS对POSIX的要求比较低，可以以流的方式访问数据信息。Map Reduce为海量的数据提供了计算。Hadoop目前除了社区版以外，还有众多厂商的发行版本。

数据处理模式会发生变化，不再是传统的针对每个事务从众多源系统中拉数据，而是由源系统将数据推至HDFS、ETL引擎处理数据，然后保存结果。结果可以用于Hadoop分析，也可以提交到传统报表和分析工具中分析。经证实，使用Hadoop存储和处理结构化数据可以减少10倍的成本，并可以提升4倍处理速度。

以金融行业为例，Hadoop在以下方面对用户的应用有帮助：

（1）涉及的应用领域：内容管理平台。海量低价值密度的数据存储，可以实现结构化、半结构化、非结构化数据存储。

（2）涉及的应用领域：风险管理、反洗钱系统等。利用Hadoop做海量数据的查询系统或者离线的查询系统。比如用户交易记录的查询，甚至是一些离线分析都可以在Hadoop上完成。

（3）涉及的应用领域：用户行为分析及组合式推销。用户行为分析与复杂事务处理提供相应的支撑，比如基于用户位置的变化进行广告投送，进行精准广告的推送，都可以通过Hadoop数据库的海量数据分析功能来完成。

（五）数据可视化的工具

数据可视化的目的是通过将数据信息图形化，达到清晰有效地传递和沟通信息的效果，并在此基础上以多维数据的形式展现数据的各个属性，便于用户多角度观察和分析数据，进而使用户更加深刻地了解和分析数据。下面主要介绍实现数据可视化的常用工具：

1.ECharts

ECharts通过Java Script实现开源可视化库，可以在移动设备和PC端上流畅地运行，可以直观地供给数据信息和促进信息的交互，还可以制定个性化的可视化数据图表。

ECharts可以提供的数据图包括柱状图、折线图、饼图、散点图和K线图等，这些数据图表可以统计盒形图，也可以为地理数据提供可视化的线图、地形图和热力图，还可以为数据关系可视化提供Tree Map、旭日图和关系图，同时可以为图与图提供合理的搭配方式，用于BI的仪表盘和漏斗图，为多维数据提供可视化的平行坐标。除此之外，ECharts还具备自定义的系统，在搜索数据图形的过程中，只需要输入renderitem函数就可以准确地给出相应的图形，这些操作也可以与其他交互组件结合，操作简单，数据精准。

（1）ECharts的适用场景。

第一，基于业务系统或大数据系统完成数据处理/分析后的结果数据展现。

第二，在Web页面嵌入HTML及JS的应用。

第三，拥有丰富的图例和在线示例教程。

第四，同类的D3.js等有相应功能，在特殊可视化需求中，还可以进一步考虑3D呈现的three.js、地图数据呈现的Datamaps.js等。

（2）ECharts的使用教程。

第一，获取ECharts。ECharts的获取方式：①从官网下载版本合适的ECharts，根据不同的功能和储存空间，官网提供了不同的打包文件，如果没有存储空间的要求，用户可以直接将整个打包文件下载。开发者建议用户下载源代码版本，因为源代码版本提供常见的错误警告和提示。②最新版的release可以在ECharts的Git Hub上下载，最新版的ECharts库可以在解压文件中找到。③通过npm获取ECharts、npm install ECharts—save。④引入cdn，用户可以在cdnjs、npmcdn或者国内的bootcdn上找到ECharts的最新版本。

第二，引入ECharts。ECharts的引入方式十分简便，只需要像普通的Java Script库一样用Script标签引入。

第三，绘制一个简单的图表。①在绘图前，为ECharts准备一个具备宽高的DOM容器；②通过ECharts.init方法初始化一个ECharts实例，并通过Set Option方法生成一个简单的柱状图。

2.Plotly

Plotly是一个非常著名且强大的开源数据可视化框架，它通过构建基于浏览器显示的web形式的可交互图表来展示信息，可创建多达数十种精美的图表和地图，可以供JS、Python、R、DB等使用，下面以Python为开发语言，以jupyter notebook为开发工具，详细介绍Plotly的基础内容。

（1）Plotly的绘图方式。Plotly绘图模块库支持的图形格式有很多，其绘图对象主要包括：①Angularaxis（极坐标图表）；②Area（区域图）；③Bar（条形图）；④Box（盒形图，又称箱线图、盒子图、箱图）；⑤Candlestick与OHLC（金融行业常用的K线图与OHLC曲线图）；⑥Color Bar（彩条图）；⑦Contour（轮廓图，又称等高线图）；⑧Line（曲线图）；⑨Heatmap（热点图）。

在Plotly中绘制图像有在线和离线两种方式，在线绘图需要注册账号并获取API key，较为麻烦。离线绘图有plotly.offline.plot（）和plotly.offline.iplot（）两种方式，前者是以离线的方式在当前工作目录下生成html格式的图像文件，并自动打开；后者是在jupyter notebook中专用的方法，即将生成的图形嵌入ipynb文件中，这里采用后一种方式。

（2）定义graph对象。Plotly中的graph_objs是Plotly下的子模块，用于导入Plotly中的所有图形对象，在导入相应的图形对象之后，便可以根据需要呈现的数据和自定义的图形规格参数来定义一个graph对象，再输入plotly.offline.iplot（）中进行最终的呈现。

（3）构造traces。根据绘图需求从graph_objs中导入相应的obj之后，接下来的事情是基于待展示的数据，为指定的obj配置相关参数，这在Plotly中称为构造traces。一张图中可以叠加多个trace。

（4）定义Layout。在Plotly中图像的图层元素与底层的背景、坐标轴等是独立开来的，通过前面介绍的内容，定义好绘制图像需要的对象之后，就可以直接绘制了，但如果想要在背景图层上有更多自定义内容，就需要定义Layout对象，其主要参数如下：

第一，文字。文字是一幅图中十分重要的组成部分。Plotly强大的绘图机制为一幅图中的文字进行了细致的划分，可以非常有针对性地对某一个组件部分的字体进行个性化的设置。

全局文字。①font：字典型，用于控制图像中全局字体的部分；②family：str型，用于控制字体，默认为"Open Sans"，选项有"verdana""arial""sans-serif"等，具体可参考官网说明文档；③size：int型，用于控制字体大小，默认为12；④color：str型，传入16进制色彩，默认为"#444"。

标题文字。①title：str型，用于控制图像的主标题；②titlefont：字典型，用于独立控制标题字体的部分；③family：同font中的family，用于单独控制标题字体；④size：int型，控制标题的字体大小；⑤color：同font中的color。

第二，坐标轴。①xaxis（yaxis）：字典型，控制横坐标（纵坐标）的各属性。例如，color：str型，传入16进制色彩，控制横坐标上所有元素的基础颜色；②title：str型，设置坐标轴上的标题；③type：str型，用于控制横坐标轴类型。"-"表示根据输入数据自适应调整，"linear"表示线性坐标轴；"log"表示对数坐标轴；"date"表示日期型坐标轴；"category"表示分类型坐标轴，默认为"-"。

第三，图例。①showlegend：bool型，控制是否绘制图例；②legend：字典型，用于控制与图例相关的所有属性的设置，包括图例背景颜色、图例边框的颜色、图例文字部分的字体等。

第四，其他。①width：int型，控制图像的像素宽度，默认为700；②height：int型，控制图像的像素高度，默认为450；③margin：字典型输入，控制图像边界的宽度等。

二、云计算与大数据的关系辨析

云计算和大数据是一个硬币的两面，云计算是大数据的IT基础，而大数据是云计算的一个杀手级应用，作为引领未来技术变革的两项关键技术，云计算与大数据既紧密相连，又相互区别。从整体上看，两者是相辅相成的。一方面，云计算为大数据提供了技术支持和实现途径；另一方面，大数据让云计算更有价值，并推动着云计算相关技术的不断更新和完善。

（一）云计算与大数据之间的联系

（1）服务领域相同。云计算和大数据均为IT领域的技术和解决方案。

（2）关键技术相同。云计算的关键技术包括分布式技术、并行编程技术、分布式数据存储、虚拟化技术和云计算管理平台技术等，这些也同样是大数据的关键技术。从技术上看，可以说大数据是根植于云计算。

（二）云计算与大数据之间的区别

（1）产生背景不同。云计算的产生是基于对计算资源获取方式的不断开发与探索，催生大数据技术则是Internet产生的海量数据。由于这些数据的规模过于庞大，且大多数呈现半结构化或非结构化，难以使用传统的数据处理方法，因此需要使用大数据技术挖掘这些数据的价值。

（2）目的不同。云计算的目的是通过Internet将IT资源以按需付费的方式提供给用户，以降低计算资源的生产成本；大数据的目的是充分挖掘海量数据中有价值的信息。

（3）处理对象不同。云计算的处理对象是IT资源，包括基础设施和软件服务等。大数据的处理对象是数据。

（4）推动力不同。云计算的推动力是以互联网企业为主的云计算服务提供商和IT资源生产企业。大数据的推动力是以数据存储、数据管理为主的IT技术厂商和以数据收集、数据分析为主的软件公司。

（5）带来的价值不同。云计算带来的价值包括缩小企业之间IT资源部署能力的差距，降低IT资源的生产和管理成本等。大数据带来的价值是通过对社会各领域中产生的海量数据进行挖掘与分析，为生产生活提供更加科学有效的参考与指导。

第二节 分布式数据存储技术

云计算最主要的特征是拥有大规模的数据集，基于该数据集向用户提供服务。为了保证高可用性、高可靠性和经济性，云计算采用了分布式数据存储方式。在介绍分布式数据存储之前，先来了解一下什么是分布式系统。

一、分布式系统分析

与分布式系统相对应的概念是集中式系统。集中式系统是指由一台主机和若干终端组成的系统，主机是这个系统的中心节点，一般具有较好的性能和运算能力，主机提供系统对外的一切功能，系统中所有的数据均存储在主机中，所有的任务也交由主机完成，终端只用来展示系统功能或提供用户与主机之间的交互（输入和输出）。

分布式系统（Distributed System）是指一组通过网络连接的计算机及其软件系统，这些计算机的耦合度较低，相互之间协调工作以实现整体负载均衡。分布式系统中的计算机可通过运行在其上的软件系统实现统一管理和系统资源的有机调配，并实现大型任务的分布式计算。广义上说，无论是网格计算、并行计算，还是云计算，都是分布式计算的一种。

分布式系统的概念最早出现于20世纪70年代，但其真正得到大量应用和发展却是在近几年。这是因为随着IT技术的不断发展，Internet中的数据呈现爆发式增长，一些提供Internet服务的企业（如谷歌、亚马逊）必须采取措施处理这些海量数据，这就必须升级原先系统的性能，升级性能的方法可分为纵向扩展和横向扩展两种。

（1）纵向扩展。纵向扩展是指升级当前集中式系统中的主机，其优势是数据备份和恢复简单、部署方便、安全性高、稳定性好、维护成本低；但设备的升级并不是一劳永逸的，随着数据规模的不断扩大，设备的升级也必须同步跟进，这意味着高昂的、持续不断的成本投入，且淘汰的旧主机也是一种资源浪费。此外，硬件技术也会成为升级主机的制约因素。

（2）横向扩展。横向扩展是指增加主机数量，将各主机通过网络连接组成分布式系统，共同存储数据和处理任务。这样，既可以降低系统升级成本，也无须淘汰现有设备。但横向扩展后的分布式系统中的各主机需要专门的软件系统进行资源整合、调配和管理，系统性能和稳定性会受到软件系统性能的影响，且安全性与集中式系统相比较低。

企业的发展要控制成本，成本较小的横向扩展显然更受这些互联网企业的青睐，因此分布式系统在大数据时代大行其道，成为了云计算技术架构的基本思想和重要组成部分。

二、分布式存储系统分析

分布式数据存储即，利用分布式系统来存储数据，而用于存储数据的分布式系统也称为分布式存储系统（Distributed Storage System）。通俗来讲，分布式存储系统就是使用大量分散的小容量存储器来存储大数据的技术。分布式存储系统并不是简单地利用控制模块对存储器进行统一管理，而是通过网络，对大量同构或异构（介质、协议、接口等模块的不同）的存储器进行有机调配，这些存储器均具有与自身相匹配的计算能力，可适应存储系统的扩展需求。

传统的大型集中式存储系统的容量常常是TB起步，有的经过扩展，容量可达到PB级别，但碍于成本，服务器或控制模块的计算能力与存储设备的容量无法实现同步提升，随着容量的不断增长，传统存储系统的整体性能将逐渐捉襟见肘。分布式存储系统由于采用了先进的技术架构，无须担心计算能力跟不上，故可以成倍，甚至指数级地扩大存储规模。因此，分布式存储系统的容量一般是PB起步，最高可扩展至EB级别，可满足大数据的存储需求。

与传统存储系统相比，分布式存储系统具有低成本、高性能、可扩展、易用性和自治性等特征。

（1）低成本。分布式存储系统是由大量普通的服务器和存储设备组成的存储集群，它通过分布式存储软件实现负载均衡、容错、自动备份和恢复等功能，可用较低的成本存储海量数据，这些海量数据若想要存储在集中式存储系统中，则需要投入大量成本购置高性能、大容量的存储器。

（2）高性能。分布式存储系统不是将存储模块进行简单叠加和集中管理，而是在各存储模块中配置控制单元，使整个分布式存储系统在实现海量数据存储的同时，还保持了极高的性能。此外，分布式存储系统的高性能还表现在其具有较高的容错性，当系统中的某节点出现故障时，系统可对节点运行故障进行检测和修复，解除故障后，系统会通过其他节点对此节点进行数据恢复，以确保数据的一致性。

（3）可扩展。企业可根据需要对分布式存储系统中的存储节点进行扩充，分布式存储系统的数据处理能力会随集群规模的扩大而自动匹配，且在扩充期间不影响现有业务的正常运行。

（4）易用性。分布式存储系统对外提供了方便易用的开放API，这些API既可供用户使用系统的各项功能，方便与其他系统进行集成，也可方便管理人员对系统进行检测、排查和扩展。

（5）自治性。分布式存储系统具有一定的自治性，系统可自行进行资源的动态调用和任务的动态分配，使系统在整体上始终保持自我均衡。

三、分布式数据存储技术分析

为分布式数据存储提供技术支持的是分布式文件系统（Distributed File System）。分布式文件系统，又称集群文件系统，它是由分布式存储系统中多个节点通过网络共同组建和共享的文件系统。在分布式文件系统中，文件存储在一个分布式存储系统中的多个节点（称为服务器集群）上，通过设置冗余来提高系统的容错性，实现对海量数据的存储、管理和快速访问。

最具有代表性的分布式文件系统是谷歌文件系统（Google File System，GFS）和Hadoop分布式文件系统（Hadoop Distributed File System，HDFS），下面着重介绍一下GFS。

GFS是谷歌公司设计并开发的大型分布式文件系统，它是通过廉价设备进行大规模数据存储的解决方案，与MapReduce并行编程模型及Bigtablc分布式数据库共同构成了谷歌公司云计算的技术体系，合称为拉动谷歌公司海量数据处理和搜索引擎等服务的"三驾马车"。

GFS采用了客户机/服务器的设计模式。一个GFS由一个主控服务器（Master Server）和若干数据块服务器（Chunk Server）组成，供许多GFS客户端（GFSclient）访问。系统中的元数据以数据分片的形式存储在数据块服务器中，数据块服务器越多，能存储的数据总量越大，因此数据块服务器的数域往往决定了整个GFS的规模。主控服务器是整个GFS的核心，它存储着系统中所有元数据的信息（如创建时间、索引等）。客户端访问系统文件时，必须向主控服务器发送请求，主控服务器返回给客户端要与之交互的数据块服务器信息，然后客户端直接访问这些数据块服务器，完成数据的存取。

第三节　并行编程与海量数据管理

一、并行编程

并行编程模式是在并行计算机上编写求解应用问题的并行程序设计方式。实现并行编程程序的四个要素包括：并行体系结构、并行系统软件、并行程序设计语言和并行算法。并行程序设计语言是程序员进行并行程序设计的文本，也是编译系统对并行程序编译所依据的文本，它需要具有三个特性：并行模式、并行操作粒度和并行任务之间的通信模式。其中，并行模式的选择直接影响了并行程序的正确性和效率，从而影响整个系统的性能，因此，选择一种有效的并行编程模式可以更好地提高系统的性能和效率。

（一）并行编程模式

表述并行编程模式可以包含以下内容：

（1）任务并行和数据并行。根据并行程序在不同数据单位上并行的相同任务和不同任务，可以把并行编程的性质分为任务并行和数据并行。

数据并行的并发粒度高于任务并行，所以，数据并行可以将并行机上的大部分数据采集程序的并行方式扩展。相比于数据并行，任务并行的作用主要体现在软件工程上，任务并行可以把不同的组件运行在不同的处理集合上，形成模块化设计。

（2）隐式并行和显式并行。并行编程系统的分类可以依据隐式并行编程模型或显式并行编程模型作出。在隐式并行系统中，编程人员可以提供指定的程序行为，可以不显示展现并行的规范，隐式并行依赖有效、正确的底层函数库和编译器实现；在显式并行系统中，编程人员可以直接制定并行算法和规则，也可以制定多个并发控制线程。

最普遍的做法是把复杂的算法设计集成到函数库中，通过函数库的一系列调用开发应用程序。这种算法可以让显式并行框架和隐式并行系统结合，两者取长补短。

（3）分布存储和共享存储。在分布存储模型中，应用进程只能局部存储，并且，在交换信息的过程中，它必须采用远程调用或传递消息等应用机制。在共享存储模型中，程序员的任务就是指定一组通过读写共享存储进行通信的进程行为。两种存储模型在大部分多核处理器体系结构中都可以使用。

（二）并行编程技术

1.消息传递接口

消息传递接口简称MPI，它属于一种事实规范，是在应用进程中管理迁移数据的函数。MPI可以定义两个进程点之间的通信函数，还可以聚合多个进程通信的函数以及进程管理、并行I/O的函数。

通信数据的布局和类型由MPI的通信器指定，在此基础上，MPI才能优化内容中非连续数据的引用和操作，并为异构机群提供应用支持。MPI的功能由SPMD模型实现，即所有的应用进程都执行一样的程序逻辑。MPI具有优越的可移植性，在MPI的基础上，人们已经开发了很多相关的软件库，它们的主要作用是高效完成一些常用算法。但是，对于开发人员来说，显式消息传递编程会增加他们的负担，所以，就目前的程序开发程度来说，其他的技术更有用。

2.并行虚拟机

并行虚拟机简称为PVM，它代表另一种实现通用消息传递的模型，它的产生先于MPI，PVM是首个用来开发可移植信息传递并行程序的标准。虽然PVM已经取代了MPI的紧耦合多处理机和多核处理器，但它的功能仍然不可忽视，在工作站机群环境中，PVM仍然有不可替代的功能。PVM的主要功能是保障并行程序的可移植性，除此之外，还可以为多个异构结点组合提供可移植性。

设计PVM的中心思想是突出程序的"虚拟机"作用，通过网络连接各组的异构节点，形成一个逻辑独立的大型并行机。PVM函数具有以下几点功能：

在创建新进程的过程中，可以选择多种不同的标准，主要包括选择资源管理器和内部调度器的标准。

虚拟机的加入或离开。

发送信号给进程。

一个进程的终止。

把其他进程终止的信息传递给下一步进程。

检测进程的活跃程度。

MPI可以提供丰富的通信函数，MPI的优势主要体现在特殊通信模式中，PVM无法在特殊通信中提供与MPV一样的函数。相比于MPI，PVM具有较好的容错功能，当应用程序运行于机群上时，尤其是机群由异构结点构成时，PVM的优势更明显。

3.并行编译器

在实际操作中，并行编程的应用比较困难，因此，人们会选择编译器完成所有工作，自动并行化由此形成，自动并行化是指在串行程序中用编译器抽取并行性信息，此种自动化的信息程序变成了计算机软件领域梦寐以求的目标，人们的这种想法在向量机实现自动化功能之后更甚。

但是，相比于自动向量化，并行编译的成功并不如此。因为并行机硬件和编译器分析的特点相对复杂，所以应用程序在自动并行编译的过程中比较容易失败。因此，自动并行编译取得的成功只体现在小规模的处理机和共享系统中。

4.OpenMP

OpenMP属于多线程多处理器并行编程语言，它主要面向分布式共享内存和共享内存，是目前被广泛接受的一套指导性的编译处理方案。它可以描述抽象的高层并行算法，程序员在指明意图的过程中，会在源代码中加入专门的pragma，在此基础上，编译器可以把应用程序并行化，并且会在重要的位置加入通信和同步互斥。

OpenMP还可以提供Workshare指令，Workshare指令的主要作用是开发数组赋值语句中数据的并行性。OpenMP可以实现细粒度的并行和粗粒度的并行。

（三）并行编程模型

1.共享存储模型

共享储存模型的底层是一系列处理器，它可以将一般的集中式多处理器抽象化，每一个处理器都可以存取共享存储器中的数据，每个处理器都可以直接访问数据，不需要数据传输，因为处理器可以同时访问同一位置的数据，所以它们可以利用共享变量实现数据同步和交互。

2.消息传递模型

消息传递模型是指用户为了实现处理器之间的数据交换，通过显式并行系统发送和接收信息。在消息传递模型中，每个进程都有自己的独立空间，访问数据需要通过传递消息实现。信息传递可以开发大规模和粗粒度的并行性。MPI的并行性由扩展串行编程语言实现，程序员在此基础上可以操作并行处理器的底层函数，这也给程序员提供了更大的灵活度。

消息传递模型的特点如下：

MPI程序具有易用性，可以在多种系统中置入MPI程序。

MPI程序可以运行于共享内存系统中，还可以运行于分布式系统中。

包含很多优化的MPI库。

系统传递信息的开销小，适合粗粒度并行。

不同的进程有不同的局部内存。

通过消息的方式复制各自局部内存间的数据，并通过显式并行系统调用和收发函数完成信息复制。

但是，MPI也有不足之处。MPI的标准相对烦琐，因为MPI综合了显式消息传递和进程独立性的特点，所以在开发并行程度时比较复杂。MPI的通信成本也比较高，因为MPI使用的代码粒度较大。

3.两级并行编程模型

两级并行编程模型集合了共享存储模型和消息传递模型的优点，其性能较好。它的执行方式是通过结点传递信息实现数据共享，各个结点内部共享数据的方式是共享存储，此种方式可以更好地处理数据，减少成本和提升性能。

相较于单纯的消息传递编程模型，两级并行编程模型更能充分应用计算机集群的结构特点，并且在某种特定的情况下，更能有效改善集群的性能，为计算机集群提供更好的并行策略。

二、海量数据管理

云计算系统能够处理和分析海量的数据，让用户能够享受到更高效的服务。数据管理技术要能有效地管理大数据集，目前云计算数据管理技术亟待解决的问题是如何在海量的数据中找到目标数据。云计算处理海量数据的过程是先存储，然后读取，最后分析。相比于数据更新的频率，读取数据的频率非常高，云中的数据管理具有一种独优化的特点。所以云系统的数据管理模式通常采用数据库领域中的战略存储，按列划分，然后存储。这种数据管理模式未来需要解决的问题是提高数据更新速率和随机读速率。

（一）Big Table数据管理技术

Big table数据库是Google为了搜索需求所开发的云计算关键技术之一。Google具有GFS文档系统，可以存储数据，Map Reduce分布式简化计算后，云计算应用程序还需要一个可以放置各种分布式资料的数据库，因此，Google推出了Big Table分布式数据库。Big Table是一个为管理大规模结构化数据而设计的分布式存储系统，可以扩展到PB级数据和上千台服务器，该数据库已经广泛地应用在成千上万的应用服务器集群中。

1.数据模型

Big Table不是关系型数据库，但是沿用了很多关系型数据库的术语，像Table（表）、Row（行）、Column（列）等。本质上说，Big Table是一个键值（key-value）映射，是一个稀疏的、分布式的、持久化的、多维的排序映射。

Big Table是一个分布式多维映射表。Big Table的键有三维，分别是行键（Row Key）、列键（Column Key）和时间戳（Time Stamp），行键和列键都是字节串，时间戳是64位整型，而值是一个字符串。可以用→string来表示一条键值对记录。

以存储"www.cnn.com"网页数据到Big Table数据库为例，来解释Row、Column、Time Stamp等Big Table数据结构的存储情况，Big Table数据存储格式如图4-1所示。[①]

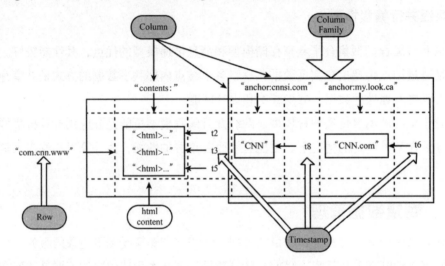

图4-1 Big Table数据结构的存储情况

表中的行关键字可以是任意的字符串，大小不能超过64KB，但是对大多数用户来说，10～100个字节就足够了。Big Table与传统型数据库有很大不同，它不支持一般意义上的事务，但是同一个行关键字的读和写操作都是原子的。Big Table组织数据是通过行关键字的字典顺序。用户可以选择合适的行关键字，充分利用数据的位置相关性来访问数据，将这一特性的用处最大化。举个例子，图4-1是Big Table数据模型的典例，其中的一个行关键字是com.cnn.www，最巧妙的设计不是直接将网页地址存储起来，而是将其倒排。将URL中主机名反转，聚集同一域名下的网页，再组成连续的行，便于用户查找和分析。此外，倒排还有利于压缩数据。

遇到大规模时，单个的大表不利于数据处理，因此可以将Big Table一个表分为多个子表"Tablet"，"Tablet"是数据分布和负载均衡调整的最小单位，每个子表可以包括多个

行。这样，当操作只读取行中很少几列的数据时效率很高，通常只需要很少几次机器间的通信即可完成。

Big Table并不仅仅是将所有的列关键词存储起来，而是将其组织成列族（Column Family），它是访问控制的基本单位。每个列族中的数据类型相同，而且存储时会被压缩。一张表中的列族数量有限，最多可达几百，在运行期间，列族几乎不会发生改变。

列关键字的命名语法是"族名：限定词"。列族的名字不能是无意义的，要是能够打印的字符串，但限定词的名字字符串可以是任意的，没有太多限制。图4-1中的族有内容（Contents）、锚点（Anchor，就是HTML中的链接）。connsi.com和my.look.ca是锚点族中不同的限定词。族同时也是Big Table中访问控制的基本单元。通过这种方式组织的数据结构清晰明了。

在Big Table中，表的每个数据项都可以容纳不同版本的数据，索引时通过时间戳即可。Big Table时间戳的类型是64位整型。Big Table还可以给时间戳赋值，将时间精确到毫秒。此外，用户程序也可以为时间戳赋值。为了避免不同的数据版本发生冲突，应用程序必须生成唯一的时间戳。图4-1中内容列的t2、t3和t5表明其中保存了在t2、t3和t5这三个时间获取的网页。

在数据项中，不同版本的数据根据时间戳倒序排列，将最新的数据放在前面。为了便于管理不同版本的数据，为每一个列族配备两个设置参数，通过这两个参数，Big Table可以自动回收废弃的数据。用户可以指定保存最后的数据或最新版本的数据。

2.系统架构

Big Table是在Google的另外三个组件之上构建起来的。①Google Work Queue这一任务调度器采用分布式结构，主要用于处理分布式系统队列分组，负责任务调度；②在Big Table中，GFS主要用于存储字表数据和日志文件；③Google开发的分布式锁服务Chubby是Big Table的锁服务支持，Chubby主要用于选取并保证同一时间内只有一个主服务器、明确子表位置信息、保存模式信息、访问控制列表。

Big Table的组成部分主要包括：客户端程序库、主服务器和多个子表服务器。客户在使用Big Table时，首先利用库函数执行Open（）操作打开一个锁，打开锁以后客户端就可以直接连接子表服务器，然后获取文件目录。在大多数情况下，客户端不和主服务器连接，因此主服务器的负载较低。主服务器主要用于操作元数据，负责子表服务器之间的负载调度，实际数据还是存储在子表服务器中。

3.主服务器

当新的子表产生时，主服务器就会通过加载把它分配给空间较大的子表服务器。新子表的产生主要通过创建新表、表的合并和较大子表的分裂。创建新表和表的合并主要通过主服务器的自动检测。较大子表的分裂由子服务器负责，主服务器无法完成这一任务。所以，分割之后，子服务器需要通知主服务器，为了使扩展性更好，主服务器需要时刻监控子表服务器的工作状态，自动检测服务器的加入和撤销。在Big Table中，主服务器对子表服务器的控制主要通过Chubby。Chubby会在子表服务器初始化过程中给予独占锁，子表服务器中的所有信息都会被保存在Chubby的一个特殊目录——服务器目录中。

通过检测服务器目录，主服务器可以了解子表服务器的最新消息，比如，当前活跃的子表服务器、子表服务器上已分配的子表。主服务器会定期询问每个子表服务器中独占锁的状态，如果独占锁丢失了或者长时间没有应答，说明Chubby服务器或子表服务器出现了问题。出现这种情况，主服务器可以先试着获取独占锁，如果获取失败，则说明Chubby服务器有问题，如果需要等待，说明正在恢复状态。如果获取成功，那就是子表服务器出现了问题，此时子表服务器就会被主服务器终止，子表也会被转移到其他子表服务器上。如果某个子表服务器被检测到负载较重时，主服务器也会为其解压。

4.子表服务器

Big Table可以有多个子表服务器，并且可以向系统中动态添加或是删除子表服务器。每个子表服务器都管理一个子表的集合（通常每个服务器有数十个至上千个子表）。每个子表服务器负责处理它所加载的子表读写操作，在子表过大时，对其进行分割。子表是可以动态分裂的，系统初始时，只有一个子表，当表增长到一定的大小时，会自动分裂成多个子表。同时，Master服务器负责控制是否需要将子表转交给其他负载较轻的子表服务器，从而保证整个集群的负载均衡。

SSTable是内部数据存储格式，也是Google专门为Big Table设计的，SSTable中的所有文件都存储在GFS中，用户可以通过键值查询相应的值。SSTable中的数据分为不同的小块，每块的大小不超过64KB。SSTable结尾处有一个索引，SSTable中块的位置就被保存在这里，当打开SSTable时，索引就会被加载进内存，用户如果要查找某个块，就要先在内存中找到具体的位置，再在硬盘中查找。每个子表都由多个SSTable以及日志文件构成。SSTable可能会参与多个子表的构成，而由子表构成的表不存在子表重叠现象。Big Table中的日志文件是一种共享文件，某个子表日志只是这个共享日志中的一个片段。

Big Table将数据存储一分为二，内存中的一个有序缓冲用来存储较新的数据，较早的数据保存在GFS中，并且以SSTable的格式保存。做写操作（Write OP）时，先要查询保存在Chubby中的访问列表，确定用户是否能够实施写操作，通过验证后写入的数据会被保存在提交日志中。提交日志以重做记录的形式保存最近的一系列数据更改，在子表恢复过程中，这些重做记录可以将已更改的信息提供给系统。提交成功后，数据被写入内存表中。

做读操作之前必须先通过认证，然后结合内存表和SSTable文件进行读操作，因为二者中都保存了数据。

内存表的空间有限，当容量达到一定值时，旧的内存表就不再使用，而且会被压缩成SSTable格式的文件。Big Table中常见的数据压缩有次压缩、合并压缩和主压缩。旧的内存表停止使用时都会进行次压缩，此时会产生SSTable。如果只有次压缩，SSTable就会无限增长。但是，SSTable数量过多会影响读操作的速度。在Big Table中，相比于写操作，读操作更加重要，所以Big Table会定期进行合并压缩，将已有的SSTable和现有的内存表一起压缩。主压缩也是一种合并压缩，它把所有的SSTable一次性压缩成一个大的文件。主压缩也是定期进行，主压缩可以彻底删除所有的被压缩数据，不会占用空间。

（二）HBase数据管理技术

HBase分布式数据库是使用Java语言开发的，以HDFS文件系统为基础，将一个表格拆分成很多份，由不同的服务器负责该部分的访问，借此达到高性能，以提供类似于Google的Big Table分布式数据库的功能。它与Google的Big Table相似，但也存在许多不同之处。

1.逻辑模型

HBase是一个类似Big Table的分布式数据库，它的大部分特性和Big Table一样，是一个稀疏的、长期存储的、多维度的排序映射表。这张表的索引是行关键字、列关键字和时间戳。

数据行在表中唯一的标识就是行关键字，每次数据操作对应关联的是时间戳。列定义为<family>：<lable>，通过行和列可以指定一个数据唯一的存储列。获得管理员权限才能对列族定义和修改，标签则随时可以添加。在磁盘上，HBase根据列族将数据存储起来，一个列族中的所有项都存在相同的读或写的方式。在对HBase更新时会有时间戳，每个数据单元存储的版本必须是最新的，而且数量有限制。用户可以在特定时间查询最新数据，也可以获取同一数据单元的所有版本。

2.主服务器

HBase在管理所有的子表服务器时需要通过主服务器，每个子表服务器都有一个对应的主服务器，主服务器为子表服务器提供各种服务。子表服务器所有时间的活跃记录都会被主服务器记录下来。每当有新的子表服务器时，主服务器会告诉子表服务器应该安装什么样的子表，也可以不装载。如果主服务器和子表服务器间的连接超时，子表服务器就会停止运作，以空白状态启动。主服务器确定子表服务器无法使用后，会将这一子表标记为"未分配"，并把它们分配给其他子表服务器。

Big Table使用分布式锁服务Chubby保证子表服务器访问子表操作的原子性。只要核心的网络结构还在运行，子表服务器即使和主服务器失去连接，也可以继续服务。而HBase不具备这样的Chubby。

3.子表服务器

HDFS中存储了物理上所有的数据，享受子表服务器提供的数据服务，通常情况下，一台计算机只有一个子表服务器，在特定时间内，一个子表服务器也只管理一个子表。

当客户端进行更新操作时，首先连接相关的子表服务器，然后向子表提交变更。提交的数据被添加在子表的HMemcache和子表服务器的HLog中。HMemcache作为缓存，在内存中存储最近的更新。HLog是磁盘上的日志文件，记录所有的更新。

提供服务时，子表首先查询缓存HMemcache，若没有，再查找HStore。写数据时，HRegion.flushcache（）被调用，把HMemcache中的内容写入磁盘HStore文件中，然后清空HMemcache缓存，再在HLog文件中加入一个特殊的标记，表示刷新了HMemcache。

在启动的情况下，每个子表会检查最后的flushcache（）方法调用之后，HLog文件中写操作是否得以应用。如果没有得到应用，那么子表的全部数据就是磁盘上HStore条件内的数据；如果应用了，子表就会重复HLog文件中的更新操作，写入HMemcache中，再调用flushcache（），最后子表删除HLog文件并开始数据服务。

（三）MapReduce实现机制

MapReduce是能够处理海量数据而且性能较高的并行计算平台和软件编程框架，目前的软件实现是通过某个特定的Map（映射）函数，将一组键值对映射成一组新的键值对，指定并发的Reduce（化简）函数，确保所有映射的键值对中的每一个共享相同的键组。MapReduce并行编程模型能够定义良好的接口和运行时支持库，完成大规模的计算任务，将底层隐藏起来，突出细节部分，使并行编程的难度大大降低。[①]

MapReduce模式的思想是：把需要自动分割执行的问题分解成Map和Reduce两个方面，将数据分割后通过Map函数的程序映射成不同的区块，再分配给计算机处理，使之达到分布式运算的效果，接着通过Reduce函的程序汇总结果，从中选出开发者需要的结果。

MapReduce是面向大规模数据并行处理的，体现在三个方面：一是基于集群的高性能并行计算平台，允许用市场上现成的普通PC或性能较高的刀片、机架式服务器，构成一个分布式并行计算集群，其中包含数千个节点；二是并行程序开发和运行框架，提供了庞大的并行计算软件构架，而且设计非常精妙，可以自动完成计算任务的并行化处理，将计算数据和任务进行划分，在集群节点上自动分配和实施子任务，将计算结果汇总，此外可

---

① 李建江，崔健，王聃，等.MapReduce 并行编程模型研究综述 [J]. 电子学报，2011, 39（11）：2635.

以将并行计算中存在的很多细节，如数据分布存储、数据通信、容错处理等交给系统处理，减轻软件开发人员的压力；三是并行程序设计模型和方法，参考函数式语言的设计思想，提供了更为便捷的设计方法，用Map和Reduce两个函数编程来执行基本的计算任务，提供了完整的并行编程接口，可以处理大规模的数据。

MapReduce着重解决大规模数据处理的问题，在设计时充分考虑了数据的局部性原理，利用这一原理将一个大问题分成不同的小问题逐个解决。MapReduce集群由普通PC组成，无共享式架构。在对数据进行处理之前，先将其分布至各个节点。在处理过程中，每个节点按照就近原则读取本地存储的数据，然后进行处理，处理后将数据合并、排列，再分发到Reduce结点，分散处理数据，处理速度会大大提高。无共享式架构还有一个好处，即配合复制策略，集群的容错性非常好，个别节点不会影响整体集群的工作。

MapReduce在大规模集群中运行，完成一个并行计算，需要不同环节的相互配合，如任务调度、本地计算、洗牌过程等。而像分布式存储、工作调度、负载均衡、容错处理等并行编程中较为复杂的问题，则由MapReduce框架处理，程序员可以不用管。

1.MapReduce的起源与背景

随着社会科学技术的发展，数据规模及复杂度给计算性能带来了巨大的挑战——一方面是爆炸性增长的Web规模数据量；另一方面是更多应用场景有超大的计算量或者计算复杂度。

并行计算是大势所趋，并且要面对诸多挑战：①在近几十年里，程序设计技术的最大革命是面向对象技术；②下一个程序设计技术的革命将是并行程序设计；③目前绝大多数程序员不懂并行设计技术，就像15年前绝大多程序员不懂面向对象技术一样。所以需要海量数据并行处理技术。

分布式并行计算框架MapReduce之所以会出现，并在大数据行业获得广泛支持，主要原因有以下方面：

（1）并行计算技术和并行程序设计的复杂性。依赖于不同类型的计算问题、数据特征、计算要求和系统构架，并行计算技术较为复杂，程序设计需要考虑数据划分、计算任务和算法划分，数据访问和通信同步控制，软件开发难度大，难以找到统一和易于使用的计算框架和编程模型与工具。

（2）海量数据处理需要有效的并行处理技术。在处理海量数据时，依靠MPI等并行处理技术难以奏效。

（3）MapReduce是面向海量数据处理非常成功的技术。MapReduce推出后，被当时的工业界和学界公认为有效和易于使用的海量数据并行处理技术。在当时的数年中，Google、Yahoo、IBM、Amazon、百度、淘宝、腾讯等国内外公司普遍使用MapReduce。

总体来讲，MapReduce是一种面向大规模海量数据处理的高性能并行计算平台和软件编程框架，广泛应用于搜索引擎（文档倒排索引、网页链接图分析与页面排序等）、Web日志分析、文档分析处理、机器学习、机器翻译等各种大规模数据并行计算应用领域。

2.MapReduce的运行模型

MapReduce为用户提供了一个具有数据流和控制流的抽象层，并隐藏了所有数据流实现的步骤，如数据分块、映射、同步、通信和调度。MapReduce的整个构架由Map（映射）函数和Reduce（化简）函数构成，这两个主函数由用户重载以达到特定目标。只要在程序设计时使用Map函数和Reduce函数，系统就会用Map函数从原始数据中整理分类出中介数据，然后用Reduce函数简化这些中介数据。当程序输入一大组Key/Value键值对时，Map函数自动将原本的Key/Value拆分为多组中介的键值对，然后Reduce函数再合并具有相同Key的中介值配对，化简成最后的输出结果。

一个Map函数就是对一部分原始数据的特定操作。每个Map操作对应不同的原始数据，所以各个Map之间保持独立，可以并行操作。一个Reduce操作就是合并每个Map产生的部分中间结果，每个Reduce所处理的Map中间结果没有交叉，所有的Reduce产生的最终结果只需要简单的连接，就能形成完整的结果集，所以Reduce的执行也可以在并行环境中。

Map函数和Reduce函数都是使用MapReduce程序模型的开发者需要自己编写程序。对于每个输入（key，value）对并行的应用Map函数，产生新的中间（key，value）对。

3.MapReduce的逻辑数据流

Map和Reduce函数的输入和输出数据都有特殊的结构。Map函数的输入数据是以（key，value）对形式出现。Map函数的输出数据的结构类似于（key，value）对，成为中间（key，value）对。用户自定义的Map函数处理每个输入的（key，value）对，并产生很多的中间（key，value）对，目的是为Map函数并行处理所有输入的（key，value）对。

Reduce函数以中间值群组的形式接收中间（key，value）对，这个中间值群组和一个中间key（key，[setofvalues]）相关。MapReduce首先是对中间（key，value）对排序，然后以相同的key把value分组。需要注意的是，数据的排序是为了简化分组过程。Reduce函数处理每个（key，[setofvalues]）群组，并产生（key，value）对集合作为输出。

4.MapReduce的执行流程

在一个分布式计算系统上，高效运行用户程序是MapReduce框架最主要的作用。如果用户程序调用MapReduce函数，就会产生下列操作：

（1）数据分区：用户程序中的MapReduce函数会先把输入文件分成若干块，每块大小由参数决定，为16~64MB，然后在集群的机器上处理程序。

（2）计算分区和决定主服务器（Master）及服务器（Worker）：计算分区让用户在编写程序时不得不使用Map和Reduce函数，在MapReduce框架中被隐式处理。因此，MapReduce只是复制了不同的用户程序，包括Map和Reduce函数，接着在可用的计算引擎上将其进行分配并启动。在分派的执行程序中，主控程序Master比较独特。剩下的执行程序都是为Master执行分配工作的工作机。需要分派的Map任务有M个，Reduce任务有R个，Master会让空闲的工作机执行分配任务。

（3）读取输入数据和使用Map函数：每个映射服务器（Worker）读取输入数据的相应部分，并对输入块进行处理，处理后把分析出的（key，value）对传递给用户定义的Map函数。（key，value）对是Map函数产生的中间结果，暂时缓冲到内存里。必须做完所有的Map函数，才能实施Reduce任务。所以，进入Reduce之前有一个同步障（barrier），这一阶段可以收集整理（aggregation&shuffle）Map的中间结果数据，并对其进行处理，从而使Reduce的计算效率更高。

（4）中间数据写入硬盘并通知Reduce函数：缓冲到内存的中间结果会在相应的时间被写入本地硬盘，通过分区函数将数据分为R个区。Master会收到写入硬盘的中间结果的位置信息，将位置信息发送给ReduceWorker。

（5）Reduce Worker读取数据并排序：当Master把中间（key，value）对的位置信息发送给Reduce的Worker时，通过远程过程从MapWorker的本地硬盘上获取中间数据。Reduce Worker获取了中间数据后，就会用中间key排序，将相同key的值排在一起。由于同一Reduce任务对应不同的key和Map，所以排序是必不可少的步骤。此外，如果中间结果集数量庞大，就要使用外排序。

（6）Reduce函数：每一个中间key都是独一无二的，Reduce Worker会在此基础上将排序好的中间数据都过一遍，然后将key和相关中间结果值传递给用户。用户定义的Reduce函数会输出最终的结果到文件中。

（7）返回：完成了所有的Map任务和Reduce任务后，Master会将用户程序激活。这时MapReduce会重新回到用户程序的调用点。因为MapReduce用在很多台机器上，处理的数据规模庞大，处理过程中难免出现Master或Worker失效的情况，所以必须有容错机制。总而言之，MapReduce的容错机制发挥作用主要是通过重新执行失效的地方。

（8）Master失效：Master本身设置了检查点（checkpoint），将所有的数据导出。如果某个任务没有完成，检查点就会自行查找，将其恢复，并使其重新执行。但是只有一个Master运行，如果唯一的一个也失效了，那么整个MapReduce程序也会被迫终止。

（9）Worker失效：是一种比较常见的状态。Master会定期将ping命令发送给Worker，如果没有得到回复，则说明Worker失效了，那么Master就会结束这一任务，将任务分配给其他Worker执行。

第五章　云计算安全管理技术

云计算服务模式的一个重要特点是数据的所有权与管理权是分离的。其安全责任由用户与云计算服务提供商共同担当，这种共享责任的模型对云计算的安全管理提出巨大的挑战。本章主要内容包括云计算安全及其威胁、云计算安全责任与标准、云安全策略与解决方案。

第一节　云计算安全及其威胁

传统数据中心与低成本、高性能的云数据中心相比毫无优势，这使得越来越多想要节省成本的企业陆续开启了"上云"的步伐。然而，有些企业却因云计算存在的安全隐患而迟迟不肯将业务和数据迁至云端。安全问题成为阻碍云计算进一步推广和发展的重要因素。因此，各云服务提供商每年都会开展大量研究，以确保云计算平台和云服务的安全。

一、云计算安全概述

云计算利用规模经济极大地降低了计算资源的生产成本，并为用户提供了按需获取的IaaS、PaaS 和 SaaS 等云服务，开创了一种全新的商业模式。云计算彻底改变了传统 IT 资源的获取方式，为整个 IT 行业带来了巨大的变革，将人类社会带入了全新的"云时代"。然而，在云计算技术发展得如火如荼时，其不断暴露的安全问题却成了为人诟病的短板和阻碍。

云计算的安全性已成为企业选择云计算服务的关键因素。

（一）云计算安全的事故

为保证云服务的稳定性和高可用性，云服务提供商往往会为云数据中心配置比传统数据中心更加专业的团队和更完善的设备，以应对可能出现的突发事件。理论上，云数据中心的安全性远高于传统数据中心，但由于其规模庞大，一旦发生事故（如服务中断、黑客攻击、数据中心大规模宕机等），造成的影响将比传统数据中心大得多。

尽管各大云服务提供商都采取了各种措施来确保云计算的安全，但自云计算问世至今，云计算安全事件却时有发生，这些事故背后的厂商不乏亚马逊、微软、谷歌等云计算的先行者和IT巨头。下面列举典型的云计算安全事故：

（1）Google Gmail的全球性故障。2009年2月24日，Google推出的SaaS云服务——Gmail电子邮箱突发故障，导致服务中断长达4小时。此次故障的波及范围极广，全球用户均无法正常使用此电子邮箱的服务。谷歌公司解释此次Gmail全球性故障的原因是其位于欧洲的数据中心在进行例行维护时，运行了一些新程序导致数据中心过载，由于连锁效应波及其他数据中心，最终导致了全球性的服务断线。

由于Gmail在全球拥有着庞大的用户群体，故此次事故在当时造成了很大影响。事后，谷歌公司宣布为每个付费使用Google Apps Premier Edition的用户延长15天的服务期限，以补偿此次事故造成的损失。

Google Apps Premier Edition是当时谷歌公司推出的收费的SaaS云服务，包含Gmail、Google Talk等软件，以按年订阅的方式提供服务，价格是50美元/年，可类比微软公司的Microsoft 365。这些软件也提供免费版本，Google Apps Premier Edition与免费版本的区别主要在于Premier版保证Gmail达到99.9%的可用性，移除了Gmail界面右侧的广告，且Gmail邮箱的空间由标准版的2G增加到10G。

（2）Microsoft Azure停止运行。2009年3月17日，微软公司的云计算平台Microsoft Azure在试运营期间突发故障，停止运行了约22个小时。对此，微软公司并没有给出详细的故障原因。Microsoft Azure的这次事故与其中心处理程序和存储设备的故障有关。尽管此次事故发生时Azure尚未正式上线，也未造成重大损失，但也让人们对云服务平台的安全产生了担忧，因为即使是微软这样的行业巨头，也无法100%保障服务的稳定运行。此次事故也为微软公司敲响了警钟，使其在今后的云计算平台建设上格外注重云服务的稳定性和安全性。2010年，Microsoft Azure平台正式上线。时至今日，Microsoft Azure已成为开发者最喜爱的公有云平台之一。

（3）Amazon云数据中心大面积宕机。2011年4月21日凌晨，在亚马逊公司位于美国北弗吉尼亚州的云数据中心中，大量服务器出现了宕机现象，导致AWS提供的EC2服务中断，一些较依赖EC2服务的网站（如国外知名的网络问答社区Quora、新闻社区Reddit等）的服务均受到了不同程度的影响。

此次宕机事故持续了近4天，媒体将其称为亚马逊公司史上最严重的云计算安全事故。经过紧急抢救后，AWS的云服务最终恢复了正常，但在此期间造成的经济损失和恶劣影响是难以挽回的。2011年4月30日，AWS公司就此次事故发表了道歉信，公开了造成事故的原因，并表示已对漏洞和设计缺陷进行了修复，接下来会不断完善云计算安全相关技术，继续扩大资源部署和供应以改善服务质量，提升EC2等云服务的竞争优势，改善用户体验，避免类似事件再度发生，重建用户对AWS及其所提供云服务的信心。

（4）斯诺登与"棱镜门"。2013年6月5日，英国《卫报》根据前美国中央情报局职员提供的绝密资料刊登了一篇报道，此报道披露了美国国家安全局（NSA）自2007年开始秘密进行的一项电子监听计划——"棱镜"。"棱镜"计划旨在对美国境内和境外的众多人群进行大规模的监控。同年6月6日，美国《华盛顿邮报》同样根据斯诺登提供的资料刊登了一篇报道，此报道指出，苹果、微软、谷歌、雅虎等9大互联网公司均为NSA的监听计划提供了获取信息的渠道。数百万名美国公民存储在他们服务器中的电子邮件、文字、语音和视频聊天记录、交易往来、视频、音频、照片、存储数据、文件文档、会议记录、登录时间和社交网络资料等个人隐私信息均受到NSA的监控。通过"棱镜"计划，NSA甚至可以实时监控每个人的搜索记录。

报道公布后，全世界舆论随之哗然。人们对于云计算架构下的信息安全更加忧心忡忡。在云计算背景下，通过各种措施（如建立和完善相关国际标准和法律法规等）保护个人隐私，是所有国家、企业和组织都必须讨论与解决的重要课题。

从上述的云计算安全事故可以看出，云服务的用户及其中保存的重要信息和隐私数据数量都相当庞大，一旦发生事故，则会在全球范围内造成极其恶劣的影响和较大的经济损失。因此，云计算安全是用户使用云服务，尤其是公有云平台的云服务最关心的问题，也是当前云计算领域面临的第一大挑战和亟待解决的重大课题，只有保障了云计算的安全，云服务市场才能迎来质的飞跃，并最终迎来"万物上云"的时代。

（二）云计算安全的定义

云计算安全是由计算机安全、网络安全及更广泛的信息安全所演化出的概念，有时也简称云安全。与云计算类似，云计算安全是一个比较宽泛的概念，并没有标准的定义，下面从云服务提供商和用户的角度分别进行阐释。

对于云服务提供商而言，云计算安全是指一套由广泛的硬件技术、软件平台、实施方法、统一标准、法律法规等共同组成的综合性策略，用于保护其云计算系统（主要指公有云平台）中的基础设施、IP网络、应用程序、用户数据等资产。对于用户而言，云计算安全意味着其所使用云服务环境的稳定性和私密性，以及其存储在云中的数据完整性和隐私性。

云安全有时也用于指代基于云的安全软件或安全服务，如360安全卫士提供的基于360云查杀引擎的木马查杀服务。在云计算领域中，这些安全服务是一种云计算服务模型，可称其为安全云，它与云计算安全应为包含关系，是不能画等号的。

（三）云计算安全的产生原因

由于云计算分布式架构的特点，数据可能存储在不同地方。在数据安全方面，风险最高的是数据泄露。用户虽然能够看到自己的数据，但是用户并不知道数据具体保存在什么位置，并且所有的数据都是由第三方来负责运营和维护，甚至有的数据是以明文的形式保存在数据库中，数据被用于广告宣传或者其他商业目的。因此，数据泄露和用户对第三方维护的信任问题是云计算安全中考虑最多的问题。虽然数据中心的内外硬件设备能够对外来攻击提供一定程度的保护，而且这种防护的级别比用户自己要高很多，但是和数据相关的安全事件在各大云计算厂商中还是尴尬地出现在公众面前。

从技术层面看，云安全体系建立不完善、产品技术实力薄弱、平台易用性较差，造成用户使用困难。从运维层面看，运维人员部署不规范，没有按照流程操作，缺乏经验，操作失误或违规滥用权利，致使敏感信息外泄。从用户层面看，用户安全意识差，没有养成良好的安全习惯，缺乏专业的安全管理，虽然有严格的规章制度，但不执行，造成信息外泄等。

严格的管理制度是整个系统安全的重要保障。

（四）云安全联盟与中国云安全联盟

1.云安全联盟

云安全联盟（CSA）是中立的非营利世界性行业组织，致力于国际云计算安全的全面发展。云安全联盟的使命是倡导使用最佳实践，为云计算提供安全保障，并为云计算的正确使用提供教育，以帮助确保所有其他计算平台的安全。

云安全联盟发起于2008年12月，2009年在美国正式注册，并在当年的RSA大会上宣布成立。2011年，美国白宫在CSA峰会上宣布了美国联邦政府云计算战略，目前云安全联盟已协助美国、欧盟、日本、澳大利亚、新加坡等多国政府开展国家网络安全战略、国家身份战略、国家云计算战略、国家云安全标准、政府云安全框架、安全技术研究等工作，云安全联盟在全球拥有4个职业化大区实体（美洲区、欧洲区、亚太区、大中华区），近百个业余性地方分会，8万位个人会员，400多个公司/机构会员，为业界客户们提供安全标准认证和教育培训。中国区包括台湾、香港、澳门、北京、上海、杭州、深圳分会。中国最早的分会自2010年成立，云安全联盟中国办事处于2014年5月在中国落地。2015年与协调司合并，在北京、深圳、东莞等地设有办公室或工作组。自成立后，CSA迅速获得了业界的广泛认可。

2.中国云安全联盟

中国云安全与新兴技术安全创新联盟（C-CSA），简称"中国云安全联盟"。它挂靠在中国产学研合作促进会下，得到国务院和各部委认可，是中国第一个在安全行业全面对接国际产业和标准组织的非营利性组织。C-CSA现有上百家机构会员，5000多位个人会员，同时管理十多个地方分会。

中国云安全联盟作为国际产业组织的运营单位，与国际云安全联盟（CSA）、隐私专家国际协会（IAPP）、信息安全论坛（INFOforum）等国际安全权威机构合作，代表其在华运营，包括引入标准、技术、课程等先进国际安全与隐私的优秀实践，并且协助网信办等中国政府机构把国内安全政策和最佳实践介绍到国外，这使得国际安全业务在中国自主可控。C-CSA致力于将联盟发展为在国际有影响力的中国联盟，为中国在国际平台上发声。

（1）联盟宗旨。①引领全球安全新兴技术发展，彰显中国网络强国地位；②专注对云计算和新兴技术安全最佳实践的独立研究；③创立先进的云计算与新兴技术安全评估方法与解决方案；④提供服务商和用户安全培训咨询，保障专业资质证书权威可信；⑤打通政产学研用通道，推动科技与经济发展。

（2）联盟理念：做中国与世界标准连接器，引领行业创新发展。

二、云计算安全的顶级威胁

"云计算在提高数据信息的使用效率的同时，会给用户隐私和信息安全带来威胁。"[1]在云计算安全这一问题上，没有任何一个IT企业可以独善其身，因此，各企业之间必须通过合作，共同寻求云计算环境下最佳的安全方案。在这样的愿景下，各大云服务提供商与互联网企业共同组建了一些中立的非营利组织，这些组织可对行业现状进行调查，评价各安全服务提供商的通用方案，组织召开云计算安全研讨大会，以及制定统一的云计算安全策略标准等。

在众多组织中，较为著名的是云安全联盟（CSA）。云安全联盟成立于2009年，自成立至今已有数百个企业成为组织会员，其中包括IBM、Oracle、微软、腾讯、华为等行业巨头。CSA致力于寻求云计算安全的最佳解决方案，并陆续发布了《云计算关键领域安全指南》《CSA云计算安全技术要求》等在业界较具权威性和参考价值的研究文件和市场调查报告。CSA发布的《云计算的顶级威胁+产业深度剖析》市场调查及案例分析报告，全面深刻地解析了云计算安全领域的12大顶级威胁，以帮助企业更深刻地理解当前云安全问题，并采用策略进行应对，作出有价值的决策。下面对这12大威胁进行简单介绍，使读者对云计算安全的重点研究领域有更加清晰的认识。

（一）数据泄露

数据泄露，是指敏感且受保护的机密文件在未经授权的情况下遭到公布、查看、窃取或使用的安全事故。造成数据泄露的原因既可能是针对性攻击，也可能是个人失误、应用程序漏洞或不良的安全举措。机密文件是指各种类型的非公开信息，包括但不限于个人健康信息、财务信息、个人身份信息、商业秘密和知识产权等。

---

①邹震.云计算安全研究[J].中国设备工程，2019（16）：229-230.

出于不同的目的，某企业或组织存储在云上的数据对不同团体具有不同价值。例如，一旦该组织的数据泄露，一些犯罪组织就会搜集数据中的财务、健康和个人信息等，以进行一系列诈骗活动。该组织的一些竞争对手会想要得到其专利信息、知识产权和商业机密等信息。一些活动家则希望公开一些会使该组织利益受挫或形象受损的信息。

在提供云服务时，提供商都会部署一些云安全措施以保护云环境，防止数据泄露的发生，但更重要的还是来自企业内部的防护。大部分的数据泄露均为企业内部人员在未经授权的情况下，从云中获取数据造成的。对于企业而言，防止数据泄露的最佳方法是设置有效的安全程序，如采取多重身份验证和数据加密等。

（二）身份认证、凭证和密钥的管理缺陷

身份认证、凭证和密钥的管理缺陷，包括未使用多因素认证，使用弱密码策略，以及长时间使用缺乏自动更新的随机密钥、密码和证书等。对身份认证、凭证和密钥的管理是企业云服务安全的重要保障，无论企业云所采用的云服务部署模式是私有云、公有云还是混合云，都必须加强相关系统的建设，否则会大大增加数据泄露和黑客攻击的发生概率。

CSA建议，任何证书或密钥均不要包含在项目源代码或分布在面向公众的仓库中。对于任何项目，其身份认证、凭证和密钥管理都应采用高安全性的公钥基础架构（PKI）以保证系统安全，避免有黑客伪装成合法用户、运营商或开发商对云计算安全构成威胁。

（三）不安全的接口和API

为方便用户对云服务的交互与管理，云服务提供商一般会提供用户界面（UI）或API，对云服务的供应、管理、编排和监控等一系列重要操作均通过这些接口完成，接口的安全性决定了云服务的安全性和可用性。因此，必须对身份认证、接入控制、数据加密和活动监控等操作的接口采取措施，以避免系统因意外或恶意行为发生安全事故。

此外，一些第三方组织机构可能基于这些接口，为其客户提供增值服务，这会使原生API转变为复杂程度较高的复杂API，且第三方服务需要向组织获取凭证作为授权信息为其激活服务，这会增加系统中的风险。API和UI通常是一个系统中最公开的部分，因此也常常成为黑客重点攻击的对象，其安全性是保障云计算安全的第一道防线。

（四）系统漏洞

系统漏洞是指操作系统组件（系统内核、系统库和应用程序工具）或应用程序中的故障与漏洞（bug），黑客可利用这些bug潜入计算机系统窃取数据、控制系统或破坏服务，使得所有服务和数据的安全性受到重大威胁。

系统漏洞并不是云计算所独有的安全威胁，自计算机发明之初，系统漏洞就是令人十

分棘手的问题，也是黑客攻破系统的惯用途径，且在计算机网络，尤其是Internet诞生后，黑客便利用系统漏洞远程实施破坏。黑客对系统漏洞的攻击可能会造成巨大损失，但可通过基本的IT流程来防范此类攻击，如定期扫描漏洞、跟踪与报告威胁、安装安全补丁、升级系统等。

到了云计算时代，随着多租户的出现，各个组织的系统彼此连通，共享内存和其他资源的访问权限，这无疑为黑客创造了新的攻击面。由于用户一般不具有所在系统资源的掌控权，因此防范系统漏洞的任务主要由云计算厂商负责。

（五）账户劫持

账户劫持，是指黑客通过诱导性电子邮件和网页等实施网络钓鱼、欺诈，或通过软件漏洞窃取用户的账户密码并登录系统实施破坏，如窃听用户活动和交易，操纵、查看和修改数据，伪造信息，重定向客户端到非法站点等。比起上述威胁，账户劫持的方法更加容易，但造成的破坏可能更大，这是由于在很多情况下，账户密码是获取系统授权的唯一方式，故其在系统中无比重要。

一个用户往往拥有若干个网站的账户。由于记忆密码是件麻烦的事，故经常有用户在不同的账户中使用同一密码，这种密码复用无疑增加了账户劫持的风险。例如，黑客在劫持了用户某个不重要的账户后，通过关联、猜测的方式，继续劫持了该用户的其他账户。

在云解决方案中，尽管用户的个人权限都会受到严格的管理，但由于各账户存在较普遍的数据和资源共享，故黑客仍然有机可乘。为此，组织或企业在使用云服务时，应采取相应措施，如建立严格的身份认证制度（多因素认证）、严格监控用户的共享空间、禁止用户间分享较重要的数据（如凭据、密钥）等。

（六）恶意内部人士

恶意内部人士是指已授权访问企业网络、系统或数据，并且有意越职责滥用权限的现任或前任企业员工、承包商或其他合作伙伴。这些角色往往可访问企业信息系统中较为机密敏感的文件，并具有一定的系统操作权限，可能对企业云系统的完整性、可用性等造成负面影响。恶意内部人士出于打击竞争对手、窃取商业机密等目的，对企业信息系统采取破坏行动，仅靠云服务提供商很难为企业提供任何安全性保障，因此，企业必须将防范恶意内部人士作为企业云计算安全战略中的重要一环。

（七）高级持续威胁

高级持续威胁（APT）是一种网络攻击的方法，它以一种木马的形式存在，可渗透进口标企业的IT基础架构，并从其中走私数据和知识产权。高级持续威胁中的"持续"是指

APT在很长一段时间内对目标进行秘密追踪，并逐步适应目标的安全防御措施，这意味着APT可能难以检测和消除。一旦安装到位，APT将可横向直达数据中心网络，并与企业网中正常的网络流量融合。

APT入侵系统的常见手段，包括对特定目标进行持续攻击直到攻破（称为鱼叉式钓鱼），以员工智能手机、平板电脑和USB等移动设备为"特洛伊木马"入侵企业信息系统，通过恶意邮件进行钓鱼，利用防火墙、服务器等硬件系统漏洞获取访问企业网的有效凭证等。

总之，APT通过一切方式绕过传统安全方案（如防病毒软件、防火墙等），以达到长期盘踞和窃取数据的目的。尽管 APT 可以绕过自动检测程序等安全措施，但攻击得逞一般需要通过用户的干预，故定期加强员工防范意识是企业抵御 APT 攻击的最佳防御方法之一。

（八）数据丢失

数据丢失是网络攻击所造成的恶果之一。但是，存储在云中的数据丢失问题绝不能仅归因于恶意攻击。云服务提供商的意外删除、备份不当，以及云数据中心遭到自然灾害等，均有可能造成数据的永久丢失，无论是对于用户还是云服务提供商，这都是无法接受的。

为了防止数据丢失，云服务提供商一般会使用冗余备份的容错方式。云服务提供商会将原始文件的若干副本（一般为3份）分别存储在与原件不同的机架或数据中心内，一旦原件丢失，则可通过副本对丢失数据进行还原。

当然，数据丢失的责任不能只由提供商承担。例如，某用户在将数据上传到云端之前，对数据进行了加密，但由于丢失了本地的加密密钥而导致数据丢失，则该事故的责任应由用户自行承担。

（九）尽职调查不足

尽职调查不足是指企业中的相关决策者在未对当前云市场、云计算技术和云服务提供商等进行详细调查的情况下，便制定企业上云（如搭建混合云、私有云或社区云）的策略，最终导致企业上云失败，或蒙受经济损失等。

企业高管在评估云计算技术和云服务提供商等因素时，应制定良好的上云路线图和尽职调查清单，这对于获得上云的成功至关重要。若只是急于采用云计算技术和云服务而不进行尽职调查，则企业将会面临很大的商业、财务、技术、法律和合规性风险。

（十）滥用和恶意使用云服务

当前云服务市场中的产品以IaaS、PaaS和SaaS的公有云服务为主，由于市场上激烈的竞争关系，各云服务提供商均推出了免费试用或价格较低的云服务，这给了不法分子可乘之机。一些不法分子大量注册免费账户或进行账户挟持以获得大量IT资源，并通过滥用和恶意使用云服务的计算能力实施违法犯罪行为，如进行密码破解、分布式拒绝服务攻击、广告或虚假信息的大量投放、数字货币的"挖矿"等。

对云服务的滥用和恶意使用不仅会对网络环境造成恶劣影响，还会影响云服务的信誉、可用性和使用体验。为此，云服务提供商应建立事件响应框架以解决此类问题，如提供渠道供用户进行举报和反馈，或提供相关控件，使用户可以实时监控其云服务使用状况，并设置用量报警服务和上限关阀等措施，以防止黑客在挟持用户的账户后，滥用其账户产生巨额账单。

（十一）拒绝服务攻击

拒绝服务（DoS）攻击是指在短时间内通过极大的通信量或连接请求恶意访问某服务器，造成此服务器的资源（CPU、内存和网络带宽）均处于满负荷、全占用的状态，使得其他所有合法请求服务的用户无法受到服务器的响应，仿佛服务器拒绝为用户提供服务一样。

前面提到的分布式拒绝服务（DDoS）攻击是DoS攻击的一种方法，这种方法通过分布式计算机集群（称为傀儡机）产生极大的通信量和连接请求。

由于原理简单，实现方便，DoS攻击一直是黑客攻击的重要手段，一些大型的DoS攻击甚至可对数百家公司的网络造成影响。由于云计算的多租户模式，一旦云服务遭到了DoS攻击，则可能造成大量租户的服务不可用，可谓危害极大。

（十二）共享技术漏洞

云服务提供商通过共享的基础设施、平台和应用程序交付服务。云计算技术对云服务进行了划分，分为IaaS、PaaS和SaaS三种，但并未对底层的软/硬件进行物理意义上的分隔。例如，两个租户所使用的不同云服务，有可能是同一台服务器提供的。

构成支持云服务部署的底层硬件（CPU、GPU、内存等）可能并未给多租户架构（IaaS）、可重新部署的平台（PaaS）或多客户应用程序（SaaS）提供强大的隔离属性，而是通过hypervisor和共享技术实现的，由于是通过软件手段实现的隔离，因此实现共享技术的软件漏洞往往为黑客所利用。CSA建议企业采用深度防御策略，该策略应包括计算、存储、网络、应用程序和用户安全实施与监视。

第二节　云计算安全责任与标准

一、云计算安全管理责任

云计算平台是一个复杂的系统，对于云服务提供商而言，云计算平台的安全管理是一项必须重视的工作。一般来说，对云计算系统的安全管理包括划分责任主体及责任内容，规定标准云计算安全流程，以及保障基础设施与虚拟化（IaaS）、平台（PaaS）和应用程序（SaaS）的安全等方面，其中，PaaS和SaaS的安全管理也常称为"安全即服务"。

（一）云计算安全责任模型

在不同的云服务模式中，云服务提供商和用户对资源的控制范围不同，控制范围决定了安全责任的边界，云计算环境的安全责任并不应全由云服务提供商承担，而应由用户和云服务提供商共同承担。为此，云计算安全责任模型被提出，该模型根据云服务的三种模式将云平台的所有资源分为基础设施、虚拟化、主机、中间件、应用和数据，并对不同云服务模式下云服务提供商和用户所承担的安全责任进行了划分。

基于此，云计算安全责任模型，一些领先的云服务提供商均建立了符合自身实际的责任模式，并在官方网站或发布的白皮书中对其责任模式进行了解释与声明。例如，亚马逊AWS就针对自家提供的云服务安全采用了责任共担模式。此模式将云服务所涉及的安全责任划分为"云本身的安全"和"云内部的安全"两部分。其中，"云本身的安全"由AWS负责，主要指维护运行所有AWS云服务的基础设施和基础服务，这些基础设施和基础服务由运行AWS云服务的硬件、软件、网络和配套设施等组成；"云内部的安全"则由用户负责，主要是指用户管理来宾操作系统（包括更新和安全补丁）、其他相关应用程序软件及AWS提供的安全组防火墙的配置。

此外，用户应仔细考虑自己所选择的云服务，因为他们的责任取决于其所使用的服务。换言之，用户须承担由于自身操作不当而带来的风险。

（二）云计算安全管理流程模型

尽管不同的云服务在实施细节、必要控制、具体过程、参考架构和设计模型等方面大相径庭，但为了降低云计算安全的管理难度，仍应为云服务建立一套通用的管理流程模型。CSA根据云计算环境下可能受到的顶级威胁等因素，设计出了一套通用的、相对简单的云计算安全管理流程模型。此模型将企业的云计算安全管理流程分为七步，分别是：需求分析（确定必要的安全和合规要求及现有控制点），选择云服务提供商、云服务模型及部署模式，定义企业的云架构，评估安全控制，确定控制差距，设计和实施控制以弥补差距，持续管理变更。

（三）云计算基础设施安全

作为云计算平台提供云服务的基石，云数据中心中的基础设施安全应由云服务提供商全权负责。

从物理角度来说，对云计算基础设施的安全管理包括选择地理位置、物理访问控制、防盗窃和破坏、防雷击、防火、防水、防潮、防静电、防地震、温湿度控制、电力供应、电磁防护等措施，以避免由于不可抗力或人为因素造成的业务中断、数据损失。

从网络角度来说，对云计算基础设施的安全管理主要包括网络边界防护和保障网络通信安全。其中，网络边界防护的措施包括网络安全域划分，并在安全域边界部署防火墙、流量控制、安全网关、Anti-DDoS等安全设备。

此外，也可在核心交换机和出口路由器等核心网络设备、网络边界的安全设备处设置冗余以保证负载均衡，并满足业务高峰期的需要。保障网络通信安全的措施包括建设安全接入平台和认证管理系统，并在用户和云资源之间部署 VPN 系统，为远程用户提供数据加密传输功能，防止数据篡改和数据窃听等风险，实现通信网络数据传输的机密性和完整性。

（四）云计算虚拟化安全

云计算虚拟化安全，一般也由云服务提供商负责，云计算虚拟化安全主要分为平台虚拟化安全、网络虚拟化安全和存储虚拟化安全三个方面，下面进行一一介绍。

1.平台虚拟化安全

平台虚拟化安全是指对外的API必须在租户间实现虚拟机或容器的隔离，保障虚拟化平台中资源的逻辑独立性和数据的机密性。要保证平台虚拟化安全，云服务提供商可从管理层面入手，加强虚拟化平台的安全信息与事件管理、安全合规性管理、漏洞脆弱性管理等。也可从技术层面入手，通过虚拟资源隔离、云平台安全加固、虚拟私有云（VPC）、虚拟桌面云（VDC）、安全组等虚拟化层安全技术来保障云平台虚拟化的安全。

此外，云服务提供商还应提供开放接口或开放性的安全服务，允许用户接入第三方安全产品或在云平台选择第三方安全服务来保障虚拟化平台的安全性。

2.网络虚拟化安全

网络虚拟化安全主要是指虚拟机间及虚拟机与外部网络之间通信的安全性。要保障网络虚拟化安全，云服务提供商可采取在交换机中设置 VLAN 和 VXLAN（可扩展的

VLAN）/VPC 和软件防火墙等措施，实现不同租户间虚拟化网络资源的隔离，并在交换机/虚拟交换机中为每位租户配置流量限额，避免网络资源的过量占用，保持网络通信的高可用性。云服务提供商还可以在网络中部署防病毒网关设备，它可对 HTTP、FTP 和电子邮件协议等常见的协议进行病毒检测和清杀，从而保障虚拟机与外部网络间通信的安全性。此外，云服务提供商也可使用软件定义边界（SDP）技术来保障网络虚拟化安全。

SDP是一种云计算安全技术，使用SDP基本可以预防所有基于网络的攻击。在部署了SDP技术的网络中，某端点要获得某服务器的访问权限前必须进行身份验证，验证通过后，SDP将在请求端点和服务器间创建一条实时加密会话连接，在会话过程中，SDP将用户的数据和所需的基础设施隐藏在"黑云"中，无论该会话是基于Internet还是位于私有云内部，对外均是不可见且无法追踪的。

3.存储虚拟化安全

存储虚拟化是云平台为用户提供按需取用存储资源的基础，它将大量物理存储设备虚拟化为一个逻辑存储资源池，用户在使用基于存储虚拟化的云服务时，只访问逻辑存储。由于存储虚拟化对用户间的隔离只是通过软件手段实现，对硬件层面并未做出有效的隔离措施，因此存在数据泄露的危险。为保障存储虚拟化安全，就要从数据隔离、访问控制、数据可靠性及剩余信息保护等角度保障存储在逻辑存储池中的用户数据、镜像和快照的安全。

（1）数据隔离。云服务提供商可通过hypervisor实现虚拟机间的存储访问隔离，保证了虚拟机只能访问hypervisor分配给它的物理磁盘空间，从而实现不同虚拟机硬盘空间的安全隔离。

（2）访问控制。云服务提供商应定义逻辑卷访问策略，只有得到授权的用户和虚拟机才能访问某逻辑卷，这样可防止用户恶意盗取其他用户的数据，从而保证存储虚拟化环境下的数据安全。

（3）数据可靠性。保障数据可靠性的普遍方法是设置冗余，即为每份数据设置一份或多份副本，当存储载体（如硬盘）出现故障时，尽管其中的数据丢失，系统仍然可根据副本恢复数据。此外，还可利用单向哈希算法保障用户数据、镜像及快照数据的完整性。

（4）剩余信息保护。系统会将逻辑存储池空间划分成多个小粒度的数据块，并将数据均匀地存储到逻辑存储池的所有硬盘上，以数据块为单元进行资源管理。当某用户删除虚拟机或逻辑卷时，系统会进行资源回收，并对逻辑卷对应的物理空间格式化，释放数据块空间后进入资源池中。当系统继续存储数据时，即会占用原先回收的数据块空间，这意味着用户的剩余信息无法长期存储在数据块中，剩余信息被恢复的概率也很小，通过这种方式，可有效做到剩余信息保护。

（五）安全即服务

云服务提供商无论提供基于何种模式的云服务，均需要负责基础设施和虚拟化的安全，但主机、中间件、应用和数据的安全性却不一定由云服务提供商负责。为节省硬件采购成本，一些企业会选择云平台的IaaS云服务，但出于资源管理权限和自定义灵活程度的考虑，企业一般自行搭建PaaS或SaaS云服务。然而，由于这些企业并不具备像云服务提供商这样的资源管理能力，因此无法为其自行搭建的PaaS或SaaS云服务提供高安全性。这种情况下，催生了一些专门提供外包云安全服务的提供商，他们可通过云服务提供商提供的开放API端口为用户提供服务，通过许可协议从用户手中接管资源的访问和控制权限，并承担相应的安全责任。

这种基于云的安全服务称为安全即服务（SECaaS），SECaaS可能是云服务提供商所提供的某云服务，但在更多情况下，SECaaS提供商为独立的第三方机构，他们既可以为各种云服务部署模式下的企业云提供安全服务，也可以为传统的本地企业云提供安全服务。

与传统的硬件（防火墙）或软件（病毒查杀软件）方法实现的安全服务相比，SECaaS云服务具备很大优势。首先，由于SECaaS是一种云服务，因此它具备成本低、弹性灵活、冗余性、高可用性等云服务的优势；其次，现实中黑客的攻击手段和病毒类别的更新速度非常快，但传统的安全服务无法实时更新病毒库和防范方法，无法实现对新型病毒和攻击方法的有效防范，而SECaaS是云安全服务，因此可实时更新最新的病毒库和防范方法，从而为用户提供有效的安全保障；最后，当在部署了SECaaS系统中的某一个客户端上发现并查杀了一种新型病毒时，SECaaS提供商会将相关情报同步在云中，这样，其他所有客户端的防御系统均可收到SECaaS来自云端的共享情报，从而建立一个庞大的攻防网络，以有效防范网络攻击。

当然，SECaaS也存在一定弊端。例如，出于安全考虑，用户往往会将系统的全部权限授权给SECaaS，但SECaaS一般不会向用户公开日志等内部数据，用户无法获悉其安全管理工作的具体细节，这种单向透明的模式使得用户的能见度不足，无法对SECaaS的具体行为进行监管，且双方一旦发生责任纠纷，用户往往处于不利地位，若用户的隐私数据遭到泄露，后果不堪设想。

SECaaS所提供的安全服务涵盖了云计算安全的诸多领域，包括身份授权和访问管理服务、云访问安全代理、Web安全网关、电子邮件安全、安全评估、Web应用程序防火墙、入侵检测/防御、安全信息与事件管理、加密和密钥管理、业务连续性和灾难恢复、安全管理、DDoS保护等。

一般来说，判断某安全服务是否为SECaaS云服务应满足两项标准：一是SECaaS必须是基于云提供的安全产品或服务；二是SECaaS必须满足云计算的五个基本特征，即用户按需自助获取服务、广泛的网络访问、资源虚拟化、快速弹性的资源分配和可度量的资源使用情况。

二、云计算安全相关标准及法律法规

近年来，云计算技术不断进步和成熟，很多人都十分看好云计算的前景，且认为云计算必将引领第4次工业革命。为抢占技术高地，越来越多的国家都将云计算作为国家层面的发展战略。然而，随着云计算的落地和普及，云计算安全事故却频频发生，且相关安全技术的进步也无法阻止事故的发生。渐渐地，人们发现，云计算安全问题并不能只靠技术手段防范和解决，还应该制定相关标准和法律法规，对整个行业进行约束，从制度层面解决云计算安全问题。本节将分别从国际和国内两方面对业界较为权威的云计算安全相关标准及法律法规进行介绍。

（一）云计算安全国际标准及法律法规

云计算诞生于美国，因此欧美国家的云计算市场起步较早，相关标准和法律法规也较为完善，下面介绍在欧美国家较为知名、较为权威的云计算安全标准及法律法规。

1.ISO/IEC JTCI/SC27标准文档

国际标准化组织（ISO）是一个成立于1947年的全球性非营利组织，主要致力于制定目前绝大多数领域的国际标准工作，该组织的宗旨是在世界上促进标准化及其相关活动的发展，以便于商品和服务的国际交换，促进各国在智力、科学、技术和经济领域开展合作。ISO起草的众多标准文件都是各行各业公认并遵循的权威行业标准。

ISO/IEC JTC1 是 ISO 与 IEC 联合组建的联合技术委员会，其附属委员会 SC27 在其中专门负责制定 IT 安全技术相关标准。SC27 下设了 7 个工作组，分别负责信息安全管理系统，密码和安全机制,安全评估、测试和规范,安全控制与服务等信息安全相关国际标准的制定。

ISO/IEC JTC1/SC27于2014年颁布了ISO/IEC 17788和ISO/IEC 17789两个云计算安全标准文档，并于2017年颁布了ISO/IEC 19941和ISO/IEC 19944两个标准文档对上述文档进行了补充，提出了规范性的建议。

ISO/IEC2022，由国际标准化组织（ISO）及国际电工委员会（IEC）联合制定，是一个使用7位编码表示汉语文字、日语文字或朝鲜文字的方法。ISO2022等同于欧洲标准组织（ECMA）的ECMA-35。中国国标GB 2312、日本工业规格JIS X 0202及韩国工业规格KS X 1004均遵从ISO 2022。

这些标准为云计算安全制定了一系列规范，在云计算安全领域起着较为广泛的指导作用。

2.NIST网络安全框架

NIST即美国国家标准与技术研究院，是隶属于美国商务部的政府机构，主要致力于物理、生物、工程、测量技术和测试方法等方面的基础、应用研究和相关标准的制定工作。其在云计算方面的主要工作是加速推动云计算在各政府部门的应用和构建美国政府云计算的技术路线图。

NIST为美国政府制定和发布了标准化路线图，并发布了一系列云计算的特别出版物，这些特别出版物可帮助美国政府完成政府云计算的相关参考架构和标准。2014年2月12日，NIST在其发布的《提升关键基础设施网络安全的框架》文件中提出了一种网络安全框架（CSF），这个框架通过政府和私营企业的合作共同创建，并基于业务需要，以低成本的方式，使用通用语言来处理和管理网络安全风险。CSF一经问世就广受关注，如今，它已经成为云计算安全领域的经典框架，并获得了包括美国政府在内的全球多国政府部门和企业组织的认可，越来越多的组织都基于此框架部署云计算安全工作。

3.CSA《云计算关键领域安全指南》

CSA即云安全联盟，它是2009年成立的全球性非营利组织，致力于研究和评估云计算安全的最佳解决方案，在云计算领域具有很高的声望。2009年4月，CSA发布了《云计算关键领域安全指南》1.0版本，并在后续进行了不断修订，最新的4.0版本发布于2017年。在该指南中，CSA从云计算概念和体系架构，云计算治理与企业风险管理，法律问题、合同和电子举证，合规和审计管理，信息治理，管理平面和业务连续性，基础设施安全，虚拟化和容器，事件响应，应用安全，数据安全和加密，身份、授权和访问管理，安全即服务，以及云计算安全相关技术等方面对云计算及云计算安全管理进行了详细地阐述，该指南对众多准备上云和已经上云企业的云计算安全部署具有十分宝贵的参考价值和指导意义。

4.欧盟《通用数据保护条例》

由欧盟理事会和欧盟委员会联合起草的《通用数据保护条例》（GDPR）发布于2016年5月24日，于2018年5月25日正式生效，其前身是欧盟在1995年颁布的《计算机数据保护法》。GDPR不仅是欧盟成员国的网络安全相关法律法规，也适用于处在欧盟之外但为欧盟成员国提供服务的企业组织。

GDPR采用同意机制的法律框架，即机构在收集和处理个人（称为数据主体）的隐私数据时，须在获得数据主体依照其意愿自由作出的特定的、知情的指示后方可进行。指示表明数据主体同意处理与其相关的个人数据，且数据主体在指示发出后享有撤回权，数据主体撤回同意指示，则数据收集和处理工作必须停止，且必须保证其之前所收集和处理的数据不会对数据主体造成任何影响。若数据主体为不满16周岁的儿童，则"同意"的指示必须由其监护人授权后方才生效。

GDPR主要针对隐私安全、问责机制、个人敏感数据、数据主体的权利、数据处理者、数据泄露和通知、数据保护者等的权利、义务等内容进行了规定、约束、禁止或建议，不遵守数据隐私法规将会受到严厉的法律制裁和巨额的罚款。

5.美国《国防部云计算安全要求指南》

2012年7月11日，美国国防部对外发布了《国防部云计算战略》（以下简称战略），旨在改善国防部当前重复、累赘、成本高昂的政府网络，并通过使用商用云服务将其转变为更迅捷、更安全、性价比更高的企业云环境，以实现对不断变化的新需求的快速响应。

政府部门的数据和文件尤其需要严格保密，因此国防部使用的商用云服务必须保证极高的安全性，为此，隶属美国国防部的国防信息系统局在2015年1月发布了《国防部云计算安全要求指南》（以下简称指南），该指南从管理的角度将云服务分为国防部云服务、联邦云服务和商业云服务三种，这三种云服务均可用于国防部及美国政府各部门，但根据可承载的业务和涉及数据的敏感度不同，对这三种云服务的安全性要求也不同。

信息敏感度是评估商业云服务是否适合某部门的关键依据。指南根据信息敏感度的不同定义了四个信息级别，由于国防部已将信息的敏感度分为六个级别，为了方便，指南中仍采用了先前的编号。指南中规定的四个信息级别如下：

（1）第2级。此级别的信息包括公开发布的信息和不受控的非涉密信息。

（2）第4级。此级别的信息包括受控非涉密信息，如隐私信息。

（3）第5级。此级别的信息包括除第4级外其他高度敏感，但非涉密信息，以及非涉密的国家安全系统信息。

（4）第6级。此级别的信息包括秘密级和机密级信息。

指南规定，机密级以上的信息不适合放在任何云上；机密级和机密级以下的信息可以迁移到国防部云、联邦政府云或商业云上。此外，低级别信息可迁移到高级别的云上，但高级别信息不可迁移到低级别云上。美国政府各部门在采购和使用商业云服务之前，必须先对其可能涉及数据的敏感度进行评估和审查。

（二）云计算安全国内标准及法律法规

与国外相比，虽然我国云计算起步较晚，但我国很早就意识到了云计算技术的巨大价值，并对其十分重视。目前，我国云计算行业正处于高速发展的阶段，随着产业规模的扩大，安全需求日益凸显。因此，对云计算安全标准及法律法规的制定工作就显得更为重要。下面介绍我国较为权威的云计算安全相关标准及法律法规。

1.全国信息安全标准化技术委员会发布的国家标准

全国信息安全标准化技术委员会，简称信息安全标委会，成立于2002年4月15日，是一个致力于信息安全标准化工作的技术工作组织。委员会下设八个附属机构，分别为秘书处、信息安全标准体系与协调工作组、密码技术标准工作组、鉴别与授权标准工作组、信息安全评估标准工作组、通信安全标准工作组、信息安全管理标准工作组和大数据安全特别工作组，其主要工作范围包括安全技术、安全机制、安全服务、安全管理、安全评估等领域的标准化技术工作。

在信息安全标委会的八大机构中，大数据安全特别工作组主要负责大数据和云计算相关的安全标准化研制工作，具体职责包括调研急需的标准化需求，研究提出标准研制路线图，明确年度标准研制方向，及时组织开展关键标准研制工作。

全国信息安全标准化技术委员会成立至今，在云计算安全领域已经发布的国家标准包括《信息安全技术云计算服务安全指南》（GB/T 31167-2014）、《信息安全技术云计算服务安全能力要求》（GB/T 31168-2014）、《信息安全技术云计算服务安全能力评估方法》GB/T34942-2017）、《信息安全技术云计算安全参考架构》GB/T35279-2017）、《信息安全技术云计算服务运行监管框架》（GB/T 37972—2019）和《信息安全技术政府网站云计算服务安全指南》（GB/T 38249-2019），对国家云计算安全相关标准的制定做出了巨大的贡献。

2.《中华人民共和国网络安全法》

2016年11月7日，中华人民共和国第十二届全国人民代表大会常务委员会第二十四次会议通过了《中华人民共和国网络安全法》，该法已于2017年6月1日起正式实施。《中华人民共和国网络安全法》是我国第一部网络安全的专门性综合立法，是为了保障网络安全，维护网络空间主权和国家安全、社会公共利益，保护公民、法人和其他组织的合法权益，促进经济社会信息化健康发展而制定的法律。

《中华人民共和国网络安全法》共七个章节，包含79项条款，涵盖了网络安全的方方面面，是我国在网络安全领域最具权威性的法律依据。

第三节　云安全策略与解决方案

一、云安全策略

尽管云计算会带来新的安全风险与挑战，但其与传统IT信息服务的安全需求并无本质区别，核心需求仍是对应用及数据的机密性、完整性、可用性和隐私性的保护。因此，云计算安全防护也不是开发全新的安全理念或体系，而是从传统安全管理角度出发，结合云计算系统及其应用特点，将现有成熟的安全技术及机制延伸到云计算应用及安全管理中，满足云计算应用的安全防护需求。

（一）核心架构的安全策略与防护

1.IaaS架构安全策略与防护

从功能角度看，IaaS系统的逻辑架构包含虚拟网络系统、虚拟存储系统、虚拟处理系统，以及最上层的客户虚拟机。

虚拟网络系统，是通过虚拟化技术将服务器、交换机、路由器、网卡等物理网络设备虚拟成多个逻辑独立的虚拟网络设备，如虚拟交换机等。

虚拟存储系统，是通过在上机和物理存储系统上运行虚拟化软件将存储交换机、磁盘阵列等物理存储虚拟成满足上层需要的特定存储服务。

虚拟处理系统，是通过在物理主机上运行虚拟机平台软件将异构的主机服务等物理上机虚拟成满足上层需要的虚拟全机。虚拟处理系统可以使用本地硬盘、SAN、ISCSI等物理存储器作为存储资源，也可以使用虚拟存储系统作为存储资源。

客户虚拟机，是虚拟处理系统将物理主机进行虚拟产生的虚拟机，是客户操作系统安装的位置。

业务管理平台负责向用户提供业务受理、业务开通、业务监视、业务保障等能力。业务平台通过与客户、计费系统、虚拟化平台的交互实现IaaS业务的端到端运营和管理。

在虚拟化安全方面，应充分利用虚拟化平台提供的安全功能，进行合理配置，防止客户虚拟机恶意访问虚拟平台或其他客户的虚拟机资源。

（1）服务器虚拟化的安全保证。虚拟机管理器VMM是服务器虚拟化的核心环节。它主要用来运行虚拟机VM的内核，代替传统操作系统，管理底层物理硬件，其安全性直接关系到上层的虚拟机安全，因此必须为VMM提供足够的安全保障，防止客户机利用溢出漏洞取得高级别的运行等级，从而获得对物理资源的访问控制，给其他客户带来极大的安全隐患。

在具体的安全防护及安全策略配置上，应满足如下要求：

1）虚拟机管理器应具备内核模块完整性检查功能，利用数字签名确保由虚拟化层加载的模块、驱动程序及应用程序的完整性和真实性。

2）虚拟机管理器应具有内存安全强化策略，使虚拟化内核、用户模式应用程序及可执行组件位于无法预测的随机内存地址中。在将该功能与微处理器提供的不可执行的内存保护结合使用时，可以提供保护，使恶意代码很难通过内存漏洞来利用系统漏洞。

3）在安全管理方面，虚拟机管理器接口应严格限定为管理虚拟机所需的APL，并关闭无关的协议端口。

4）规范虚拟机管理器补丁管理要求。在进行补丁更新前，应对补丁与现有虚拟机管理器系统的兼容性进行测试，确认后与系统提供厂商配合进行相应的修复。同时，应对漏洞发展情况进行跟踪，形成详细的安全更新状态报表。

5）对每台物理机上的虚拟平台，严格控制对虚拟平台提供的HTTP、Telnet、SSH等管理接口的访问，关闭不需要的功能，禁用明文方式的Telnet接口。

6）在用户认证安全方面，采用高强度口令，降低口令被盗用和破解的可能性。

7）在服务器虚拟化高可用性方面，目前提供商推出了如高可用性、零宕机容错、备份与恢复等成熟的虚拟化可商用性技术或方案，可以快速恢复故障用户的虚拟机系统，提高用户系统的高可用性。

第一，高可用性（HA）：当宿主物理机发生故障时，受影响的虚拟机没有在指定时间内生成检测信号，虚拟化平台实时监控系统检测不到其运行状态，就认为其发生了故障并自动重新启动其他宿主物理机上的备份，从而为虚拟机用户提供易于使用和经济高效的高可用性。对于启用该服务，要求虚拟机与其备份虚拟机必须不在一台宿主物理机上。

第二，零宕机容错（FT）：通过构建容错虚拟机的方式，当虚拟机发生数据、事务或连接丢失等故障时快速启用容错虚拟机。其要求是虚拟机与其容错虚拟机必须不在同一台宿主物理机上，容错保护的虚拟机文件也必须存储在共享存储器上。容错可提供比HA更高级别的业务连续性。

第三，备份与恢复（BR）：在不中断虚拟机提供的数据和服务的情况下，创建并管理虚拟机备份，备份过后将其删除。可以根据故障虚拟机的状态选定虚拟机的存储点，然后将该虚拟机重新写入目标上机或资源池。在重写的过程中，仅改写有变动的数据，重写完后该虚拟机即可重新启动。可以实现对虚拟机进行全面和增量的恢复，也能进行个别文件和目录的恢复。

（2）存储虚拟化安全。存储虚拟化通过在物理存储系统和服务器之间增加一个虚拟层，将物理存储虚拟化成逻辑存储，使用者只用访问逻辑存储，从而把数据中心异构的存储环境整合起来，屏蔽底层硬件的物理差异，向上层应用提供统一的存取访问接口。虚拟化的存储系统应具有高度的可靠性、可扩展性和高性能，能有效提高存储容量的利用率，简化存储管理，实现数据在网络上共享的一致性，以满足用户对存储空间的动态需求。存储虚拟化的具体安全防护要求如下：

1）能够提供磁盘锁定功能，以确保同一虚拟机不会在同一时间被多个用户打开。提供设备冗余功能，当某台宿主服务器出现故障时，该服务器上的虚拟机磁盘锁定将被解除，以允许从其他宿主服务器重新启动虚拟机。

2）能够提供多个虚拟机对同一存储系统的并发读/写功能，并确保并行访问的安全性。

3）保证用户数据在虚拟化存储系统中的不同物理位置至少有两个备份，用于实现数据存储的冗余保护。

4）虚拟存储系统可以按照数据的安全级别建立容错和容灾机制，以克服系统的误操作、单点失效、意外灾难等因素造成的数据损失。

2.PaaS架构安全策略与防护

PaaS服务把分布式软件开发、测试、部署环境作为服务提供给应用程序开发人员。因此，要开展PaaS云服务，需要在云计算数据中心架设分布式处理平台，并对该平台进行封装。分布式处理平台包括作为基础存储服务的分布式文件系统和分布式数据库、为大规模应用开发提供的分布式计算模式，以及作为底层服务的分布式同步设施。对分布式处理平台的封装包括提供简易的软件开发环境，简单的API编程接口、软件编程模型和代码库等，使之能够方便地为用户所用。对于PaaS来说，数据安全、数据与计算可用性、针对应用程序的攻击是主要的安全问题。

（1）分布式文件安全。基于云数据中心的分布式文件系统构建在大规模廉价服务器群上，存在的安全问题包括：服务器等组件的失效现象可能经常出现，需解决系统的容错问题；能够提供海量数据的存储和快速读取功能，当多用户同时访问文件系统时，需解决并发控制和访问效率问题；服务器增减频繁，需解决动态扩展问题；需提供类似传统文件系统的接口以兼容上层应用开发，支持创建、删除、打开、关闭、读/写文件等常用操作。

为了提高分布式文件系统的健壮性和可靠性，使用主流分布式文件系统设置辅助主服务器作为上服务器的备份，以便在主服务器故障停机时迅速恢复。系统采取冗余存储的方式，每份数据在系统中保存三个以上的备份，来保证数据的可靠性。同时，为保证数据的一致性，对数据的所有修改需要在所有的备份上进行，并用版本号的方式来确保所有备份处于一致的状态。

在数据安全性方面，分布式文件系统需要考虑数据的私有性和冲突时的数据恢复。透明性要求文件系统给用户的界面是统一完整的，至少保证位置透明、并发访问透明和故障透明。另外，分布式文件系统还要考虑可扩展性，增加或减少服务器时，应能自动感知，而且不对用户造成任何影响。

（2）分布式数据库安全。基于云计算数据中心大规模廉价服务器群的分布式数据库同样存在的安全问题包括：对于组件的失效问题，要求系统具备应好的容错能力；具有海量数据的存储和快速检索能力；多用户并发访问问题；服务器频繁增减导致的可扩展性问题等。

数据冗余、并行控制、分布式查询、可靠性等是分布式数据库设计时需要考虑的问题。

数据冗余保证了分布式数据库的可靠性，也是并行的基础，但也带来了数据一致性问题。数据冗余有两种类型：复制型数据库和分割型数据库。复制型数据库，是指局部数据库存储的数据是对总体数据库全部或部分的复制；分割型数据库，是指数据集被分割后存储在每个局部数据库里。由同一数据的多个副本都存储在不同的节点里，对数据进行修改时，须确保数据所有的副本都被修改。这需要引入分布式同机制对并发操作进行控制，最常用的方式是分布式锁机制，以及冲突检测。

在分布式数据库中，各节点具有独立的计算能力，具有并行处理查询请求的能力。由于节点间的通信使得查询处理的时延变大，因此，对分布式数据库而言，分布式查询或称并行查询是提升查询性能最重要的手段。可靠性是衡量分布式数据库优劣的重要指标，当系统中的个别部分发生故障时，可靠性要求对数据库应用的影响不大或者无影响。

（3）用户接口和应用安全。对于PaaS服务来说，不能暴露过多的接口。PaaS服务使客户能够将自己创建的某类应用程序部署到服务器端运行，并且允许客户端对应用程序及其计算环境配置进行控制。如果来自客户端的代码是恶意的，PaaS服务接口暴露过多，可能会给攻击者带来机会，也可能会攻击其他用户，甚至可能会攻击提供运行环境的底层平台。

在用户接口方面，包括提供代码库、编程模型、编程接口、开发环境等。代码库封装平台的基本功能如存储、计算、数据库等，供用户开发应用程序时使用。编程模型决定了用户基于云平台开发的应用程序类型，它取决于平台选择的分布式计算模型。PaaS提供的编程接口应该是简单的、易于掌握的，有利于提高用户将现有应用程序迁移至云平台，或基于云平台开发新型应用程序的积极性。一个简单、完整的软件开发工具包（SDK）有助于开发者在本机开发、测试应用程序，从而简化开发工作、缩短开发流程。

由于PaaS和用户基于PaaS云平台开发的应用程序，都运行在云数据中心，因此，PaaS运营管理系统需解决用户应用程序运营过程中所需的存储、计算、网络基础资源的供给和管理问题，需根据应用程序实际运行情况动态增加或减少运行实例。为保证应用程序的可靠运行，系统还需要考虑不同应用程序间的相互隔离问题，以防止其影响到PaaS底层承载平台或系统。

在技术层面上，目前PaaS对底层资源的调度和分配机制设计方面还存在不足，PaaS应用基本是采用尽力而为的方式来使用系统的底层计算处理资源。如果同一平台上同时运行多个应用，则会在优化多个应用的资源分配、优先级配置方面无能为力。要解决这个问题，需要借助更底层的资源分配机制，如将PaaS应用承载在虚拟化平台上，借助虚拟化平台的资源调度机制来实现多个PaaS应用的资源调度。

3.SaaS架构安全策略与防护

由于SaaS服务端暴露的接口相对有限，并处于系统安全权限的最低处，所以一般不会对其所处的软件栈层次以下的更高系统安全权限层次带来新的安全问题。对于SaaS服务而言，SaaS底层架构安全的关键在于如何解决多租户共享情况下的数据安全存储与访问问题，主要包括多租户下的安全隔离、数据库安全等方面的问题。

（1）多租户安全。在多租户的典型应用环境下，可以通过物理隔离、虚拟化和应用，支持的多租户架构等三种方案，实现不同租户之间数据和配置的安全隔离，以保证每个租户数据的安全与隐私保密。

物理分隔法为每个用户配置其独占的物理资源，实现在物理层面上的安全隔离，同时根据每个用户的需求，对运行在物理机器上的应用进行个性化设置，安全性较好，但该模式的硬件成本较高，一般只适合对数据隔离要求比较高的大中型企业。

虚拟化方法通过虚拟技术实现物理资源的共享和用户的隔离，但每个用户独享一台虚拟机，当面对成千上万的用户时，为每个用户都建立独立的虚拟机是不合理，也是没有效率的。

应用支持的多租户架构，包括了应用池和共享应用实例两种方式。应用池是将一个或多个应用程序链接到一个或多个工作进程集合的配置。每个应用池都有一系列的操作系统进程来处理应用请求，通过设定每个应用池中的进程数目，能够控制系统的最大资源利用情况和容量评估等。在某个应用池中的应用程序不会受到其他应用池中应用程序所产生的问题的影响。这种方式被很多的托管商用来托管不同客户的Web应用。共享应用实例是在一个应用实例上为成千上万个用户提供服务，用户间是隔离的，并且用户可以用配置的方式对应用进行定制。这种技术的好处是由于应用本身对多租户架构的支持，所以在资源利用率和配置灵活性上都较虚拟化的方式好，并且由于是一个应用实例，在管理维护方面也比虚拟化的方式方便。

（2）数据库安全。在数据库的设计上，SaaS服务普遍采用大型商用关系型数据库和集群技术。多重租赁的软件一般采用三种设计方法：每个用户独享一个数据库instance；每个用户独享一个数据instance中的一个schema；多个用户以隔离和保密技术原理共享一个数据库instance中的一个schema。

出于成本考虑，多数SaaS服务均选择后两种方案，从而降低成本。数据库隔离的方式经历了instance隔离、schema隔离、partition隔离、数据表隔离，到应用程序的数据逻辑层提供的根据共享数据库进行用户数据增删修改授权的隔离机制，从而在不影响安全性的前提下实现效率最大化。

（二）网络与系统的安全策略与防护

云计算网络与系统设施，主要包括云计算平台的基础网络、主机、管理终端等基础设施资源。在云计算网络和系统安全防护方面，应采用划分安全域、提高基础网络健壮性、加强上机安全防护、规范容灾及应急响应机制等方式，建立云计算基础设施的安全防御机制，提高云计算网络和系统等基础设施的安全性、健壮性，以及服务的连续性和稳定性。

1.划分安全域

云计算平台一般由生产域、运维管理域、办公域、DMZ区和Internet域组成。根据云计算具体应用安全等级及防护需求，将云计算平台的安全域划分为三级：云计算平台生产系统、运维管理域（为第一级安全域）；办公域、DMZ区（为第二级安全域）；Internet域（为第三级安全域）。安全级别从一到三依次降低。

各安全域之间一般采用防火墙进行安全隔离，确保安全域之间的数据传输符合相应的访问控制策略，确保本区域内的网络安全。在各安全域内部，应根据业务类型与不同客户情况，规划下一级安全子域。在虚拟化环境中，可综合考虑采用虚拟交换机、虚拟防火墙等措施将不同用途的网络流量分隔，以保证通信流量不会相互干扰，提高网络资源的安全性和稳定性。

2.应用系统主机安全

应用系统主机作为信息存储、传输、应用处理的基础设施，包括云服务器、运营管理系统及其他应用系统的上机。其自身安全性涉及虚拟机安全、应用安全、数据安全、网络安全等各个方面，任何一个主机节点都有可能影响整个云计算系统的安全。应用系统主机安全架构主要包括主机系统安全加固、安全防护、访问控制等内容。

（1）系统安全加固，主要指安全配置方面和系统补丁控制方面。在安全配置方面，应用系统上线前，应对其进行全面的安全评估，并进行安全加固。在系统补丁控制方面，应采用专业安全工具对主机系统定期评估。在补丁更新前，应对补丁与现有系统的兼容性进行测试。

（2）系统安全防护，包括恶意代码防范和入侵检测防范。关于恶意代码防范，出于影响性能考虑，一般不建议宿主服务器安装防病毒软件。其他应用系统建议部署实时检测和查杀病毒、恶意代码的软件产品，并应自动保持防病毒代码的更新，或者通过管理员手动更新；关于入侵检测防范，建议在云计算数据中心网络中部署IDS/IPS等设备，实时检测各类非法入侵行为，并在发生严重入侵事件时提供报警。

（3）系统访问控制，主要包括账户管理、身份鉴别和远程访问控制。账户管理应具备应用系统主机的账号增加、修改、删除等基本操作功能，支持账号属性自定义，支持结合安全管理策略，对账号口令、登录策略进行控制，应支持设置用户登录方式及对系统文件的访问权限。采用严格身份鉴别技术用于主机系统用户的身份鉴别，包括提供多种身份鉴别方式、支持多因子认证、支持单点登录。限制匿名用户的访问权限，支持设置单一用户并发连接次数、连接超时限制等，应采用最小授权原则，分别授予不同用户各自所需的最小权限。

3.管理终端安全

管理终端作为云计算系统的一个基本组件，面临各种威胁，是整个云计算系统安全的一部分。管理终端安全主要包括终端系统安全防护、网络接入控制、用户行为控制等三个部分。

终端自身安全防护，应支持根据安全策略对终端进行操作系统配置，建立有效的补丁管理机制，安装客户端防病毒和防恶意代码软件，实时进行病毒库更新。

终端安全管理必须具备接入网络认证功能，只允许合法授权的用户终端接入网络。具有终端安全性审查与修复功能，支持对试图接入网络的终端进行控制，在终端接入网络之前必须进行强制性的安全审查，只有符合终端接入网络的安全策略的终端才允许接入网络。应对接入网络的终端进行精细的访问控制，可根据用户权限控制接入不同的业务区域，防止越权访问。

在终端行为控制方面，应定义有针对性的策略规则，限制终端非法外联行为。应支持终端用户上网记录审计，支持设置上网内容过滤，以及对终端网络状态及网络流量等信息进行监控和审计。应支持对终端用户软件安装情况进行审计，同时对应用软件的使用情况进行控制。

4.容灾安全

为提高云计算平台及应用的可用性，应提供风险预防机制和灾难恢复措施，在保障数据安全的基础上，提高系统连续运行能力，降低云计算平台的运营风险，提升云计算服务质量和服务水平。

在综合评估云计算平台安全及业务运营需求的基础上，根据业务发展需要，逐步开展云计算平台容灾中心的建设，应对在因突发事件可能造成整个云计算平台中心瘫痪的极端情况下，快速切换到容灾系统，进一步提升系统的连续运行能力。在建设云计算平台容灾系统时，应结合云计算应用的具体需求，综合考虑成本因素，选择合适的容灾等级和运营方式。

应建立有效的容灾管理组织机构，制订灾难应对计划，并对灾难应对计划进行有效的管理和维护。容灾管理是对云计算生产系统及其容灾系统的人员组织和流程规划进行相关的管理。其中，容灾管理流程应包括容灾预警流程和容灾恢复流程。

（三）云计算的安全部署策略

以公共基础设施云服务和企业私有云为例，对其安全应用策略部署提出以下建议：

1.公共基础设施的云安全策略

对于公共基础设施云服务而言，重点需要解决云计算平台安全、多租户模式下的用户信息安全隔离、用户安全管理，以及法律与法规遵从等方面的安全问题。由于公有云平台承载了海量的用户应用，如何保障云计算平台的安全高效运营至关重要。在公有云典型的多租户应用环境下，能否实现用户信息的安全隔离直接关系到用户的安全隐私能否得到有效保护。同时，法律与法规的遵从也是非常重要的内容，作为云服务提供商对外提供服务，需要考虑满足相关法律法规要求。

对于云服务提供商而言，在当前云计算服务还处在演进阶段，实现全面的安全功能和技术要求并非一蹴而就，需要结合具体的业务应用发展，循序渐进地开展安全部署和管理工作。其主要安全部署策略可包括如下内容：

（1）基础安全防护。建立公共基础设施云的安全体系，保障云计算平台的基础安全，主要包括构建涵盖云计算平台基础网络、主机、管理终端等基础设施资源的安全防护体系，建设云平台自身的用户管理、身份鉴别和安全审计系统等。针对一些关键应用系统或VIP客户，可考虑建设容灾系统，进一步提升应对突发安全事件的能力。

（2）规避数据监管风险。目前国际社会对日趋全球化的云计算服务中的跨境数据存储、流动和交付的监管政策尚未达成一致，在发生安全事件后如何对造成的损失进行评估及赔偿可能存在较多争议，因此，云服务提供商需要在商业合同中的司法管辖权和SLA条款中进行合理设定，并对运营管理制度、业务提供的合规性进行合理规范，以规避不必要的经营风险。

（3）提供安全增值服务。在构建基础设施层面的安全防护体系的基础上，为进一步提高用户的"黏性"，为用户提供可选的应用、数据及安全增值服务，提高安全服务的商业价值。同时，为提高用户对公服务安全性的感知度，可通过安全报表、安全外设等方式实现安全的显性化。

2.企业私有云的云安全策略

私有云一般部署在企业内部，和公有云相比，用户对其物理乃至安全性的控制更为直接。由于私有云承载着企业的日常运作流程或重要信息系统，其安全性和安全稳定运行对于企业的正常运作非常重要。在构建私有云安全防护体系时，除了需要在网络层、虚拟化层、操作系统、私有云平台自身应用和用户安全管理、安全审计、入侵防范等层面进行安全策略部署，做好基础的安全防护工作外，还应满足如下要求：

（1）与现有IT系统安全策略相兼容。一般来说，私有云是渐进式部署，而不是一次性部署完成。因此，私有云安全架构能够与其他安全基础架构交换、共享安全策略，满足企业的整体安全策略要求。

（2）具备安全回退机制。需要对企业关键应用和相关重要信息进行定期备份，并制定相关应急处理预案，在私有云发生突发安全事件后，能够快速恢复，甚至可以回退到传统IT应用平台。

（四）云安全关键技术与风险应对

云安全涉及的关键技术及风险应对策略包括基础设施安全、数据安全、应用安全和虚拟化安全四个方面。

1.基础设施安全

云计算模式的基础是云基础设施，承载服务的应用和平台等均建立在云基础设施上，确保云计算环境中用户数据和应用安全的基础是要保证服务的底层支撑体系（即云基础设施）的安全和可信。如表5-1所示[①]，分别在传统环境下和云计算环境下对云基础设施安全性的相关服务特性进行了对比。

表5-1 传统环境下和云计算环境下对云基础设施安全性的对比

分析角度	传统环境下的情况	云计算环境下的情况
网络开放程度	网页服务器、邮件服务器等接口暴露在外，设置访问控制、防火墙等防护措施维护安全	用户部署的系统完全暴露在网络中，任何节点都可能遭受攻击
平台管理模式	部署的系统通过内部管理员管理	利用多样化网络接入设备远程管理，涉及网络通信协议、网页浏览器、SSH登录等服务
资源共享方式	一台物理主机对应一个用户	多个用户同时共享IT资源，用户之间需要进行有效的隔离
服务迁移要求	不存在服务迁移问题	单个云提供商提供给用户的服务应当可以灵活迁移，以达到负载均衡并有效利用资源。同时，用户希望在多个云提供商间灵活地迁移服务和数据
服务灵活程度	一旦拥有，便一直拥有，容易造成资源浪费	按需伸缩的服务，保证服务随时可用、可终止、可扩展、可缩成

①本节图表引自苏琳，胡洋，金蓉.云计算导论[M].北京：中国铁道出版社，2020：69-82.

2.数据安全

企业数据安全和隐私保护是云用户最关心的安全服务目标。无论是云用户还是云服务提供商，都应避免数据丢失和被窃，不管使用哪种云计算的服务模式（SaaS/PaaS/IaaS）。数据安全都变得越来越重要，从数据安全生命周期和云应用数据流程综合考虑，针对数据传输安全、数据存储安全和数据残留安全等云数据安全敏感阶段，进行关键技术的分析。

（1）数据传输安全。云用户或企业把数据通过网络传到公共云时，数据可能会被黑客窃取和篡改，数据的保密性、完整性、可用性、真实性受到严重威胁，给云用户带来不可估量的商业损失。数据安全传输防护策略，首先是对传输的数据进行加密，其次是使用安全传输协议SSL和VPN进行数据传输。

（2）数据存储安全。云用户在云服务提供商存储数据时，存在数据滥用、存储位置隔离、灾难恢复、数据审计等安全风险。

1）对于IaaS应用，可以采用静止数据加密的方式防止被云服务提供商、恶意邻居租户及某些应用滥用，但对于PaaS或者SaaS应用，数据是不能被加密的，密文数据会妨碍应用索引和搜索。

2）对于数据存储位置，云用户要坚持能够掌握数据具体位置的基本原则以确保有能力知道存储的地理位置，并在服务水平协议SLA和合同中约定。在地理位置定义和强制执行方面，需要有适当的控制来保证。

3）采用"数据标记"、单租户专用数据平台实现数据隔离，防止数据被非法访问。但PaaS和SaaS应用为了实现可扩展、可用性、管理以及运行效率等方面的"经济性"，云服务提供商基本都采用多租户模式。无法实现单租户专用数据平台，唯一可行的办法是建立私有云，但不要把任何重要的或者敏感的数据放到公共云中。

4）采用数据多备份方式来实现灾难恢复，通过外部审计和安全认证来实现数据完整性和可用性。

（3）数据残留。数据残留是数据在被以某种形式擦除后所残留的物理表现，存储介质被擦除后可能留有一些物理特性使数据能够被重建在云计算环境中，数据残留更有可能会无意地泄露敏感信息。因此，云服务提供商应通过销毁加密数据相关介质、存储介质、磁盘擦拭、内容发现等技术和方法来保证数据的完整清除。

3.应用安全

由于云环境的灵活性、开放性以及公众可用性等特性给应用安全带来了很多挑战。因此，云提供商在云主机上部署的Web应用程序应当充分考虑来自互联网的威胁。

（1）终端客户安全。为了保证云应用安全，云客户端应该保证自己的计算机安全，防护措施包括：①在云客户端上，部署反恶意软件、防病毒、个人防火墙以及IPS类型安全软件，并开启各项防御功能；②云用户应该采取必要措施保护浏览器免受攻击，在云环境中实现端到端的安全，云用户应使用自动更新功能，定期完成浏览器打补丁和更新工作；③对于企业客户，应该从制度上规定连接云计算应用的PC禁止安装虚拟机，并且对PC进行定期检查。

（2）SaaS应用安全。SaaS应用提供给用户的能力是使用服务商运行在云基础设施之上的应用，用户使用各种客户端设备通过浏览器来访问应用用户并不管理或控制底层的云基础设施，如网络、服务器、操作系统、存储甚至其中单个的应用。

（3）PaaS应用安全。PaaS云提供商提供给用户的能力是在云基础设施之上部署用户创建或采购的应用，这些应用使用服务商支持的编程语言或工具开发，用户并不管理或控制底层的云基础设施，包括网络、服务器、操作系统或存储等，但是可以控制部署的应用以及应用主机的某个环境配置。PaaS应用安全包含两个层次：PaaS平台自身的安全和客户部署在PaaS平台上应用的安全。

4.虚拟化安全

虚拟化对于云计算至关重要。而基于虚拟化技术的云计算主要存在两个方面的安全风险：一个是虚拟化软件的安全；另一个是使用虚拟化技术的模拟服务器的安全。

（1）虚拟化软件安全。虚拟化软件层直接部署于裸机之上，提供能够创建、运行和销毁虚拟服务器的能力。虚拟化层的完整性和可用性对于保证基于虚拟化技术构建的公有云的完整性和可用性是最重要也是最关键的。

（2）虚拟服务器安全。虚拟服务器位于虚拟化软件之上，物理服务器的安全原理与实践也可以被运用到虚拟服务器上，当然也需要兼顾虚拟服务器的特点。

二、云安全解决方案

（一）长城网际云安全解决方案

中电长城网际系统应用有限公司成立于2012年7月，是中国电子信息产业集团有限公司（CEC）控股的高科技国有企业，是以服务国家基础信息网络和重要信息系统安全为使命，以面向国家重要信息系统的高端咨询和安全服务业务为主线，为用户提供信息安全的全方位的解决方案和相关服务。

长城网际云安全套件是依据信息系统等级化保护等国家标准，针对资源虚拟化、动态分配、多租户、特权用户、服务外包等云计算新的特性引起的安全新问题而设计开发的安全产品。

长城网际云安全套件遵照《信息安全技术信息系统等级保护安全设计技术要求》

（GB/T 25070-2019）中提出的"一个管理中心支撑下的三重防御"设计思路，通过计算节点的服务器深度防护和终端安全防护，同时将运维服务融入云平台的安全管理、安全监控和合规审计之中，形成云安全防护体系，着重解决因云计算而衍生的新的安全问题。

"网际云安全套件"以安全策略管理为核心，以密码技术为基础，以可信机制为保障，实现云计算环境下的计算节点深度防护、终端安全接入、业务应用安全隔离、资源授权共享和计算环境的可信度高，从而提升云计算数据中心的安全保障，使之达到《信息安全技术信息系统等级保护安全基本要求》（GB/T 22239-2019）三级或三级以上要求。

长城网际云安全套件以产品形式集成到云平台中，同时以持续的安全服务方式提供给用户，保障用户业务系统安全，广泛适用于电子政务云和电子商务云平台。

第一，功能说明。网际云安全套件从计算节点防护、虚拟化安全保护、业务与应用隔离等六个方面对云中心提供安全保护，从网络边界到虚拟节点逐层安全保护，按照一个中心、三重防护设计思路，对整个云中心及其各个模块实行安全防护。

第二，计算节点深度防护。①双因子身份认证机制：确保对服务器的特权操作必须经过强身份认证；程序白名单控制，所有进程只有在度量结果和预期值一致的前提下，才允许运行，防止恶意代码在被保护的节点环境中运行；②文件强制访问控制：杜绝重要数据被非法篡改、删除、插入等情况的发生，全方位确保重要数据完整性不被破坏；③服务完整性检测：记录和对比系统中所有服务的基本属性及内容校验，进行完整性检测；④全面记录重要服务器上的所有特权操作，以供取证。

第三，虚拟化安全保护。网际云安全套件虚拟化包括：①虚拟机边界防护，对KVM、VMware等虚拟机实施安全增强；②信任链传递，对服务器打点实现基于物理可信根的可信认证、可信存储、可信度量功能；③对虚拟设备CPU使用、内存占用、I/O通信提供安全控制；④虚拟机镜像动态加密，确保镜像文件任何情况下全程加密保护；⑤虚拟机迁移保护，保障虚拟机动态迁移时数据机密性、完整性、可用性及安全规则同步迁移；⑥虚拟机数据销毁，虚拟机删除时可有效同步销毁其所承载的数据。

第四，业务与应用隔离。①依据安全等级、业务身份等不同划分不同的"可信安全域"进行管理；②不同安全域之间设立防护边界，实施计算，点、网络、存储等多维度安全隔离；③设立数据交换中心，提供不同业务系统安全、可控的数据交换平台；④将管理网络与数据网络进行隔离，提供高可靠性的管理平台；⑤应用运行状态监测响应，确保单个应用出错不会扩散到其他应用。

第五，云安全管理平台。①统一策略管理系统：对整个云平台的安全策略进行统一管理，完成安全策略的统一制定、下发、更新等操作；②运行监控管理系统，融合了网络监测、系统监测、应用性能监测、安全事件与日志监测、虚拟化监测及集中事件处理等管理功能；③多租户管理系统：统一访问控制，统一认证授权；④合规审计管理系统：对客户网络设备、安全设备、主机和应用系统的各类日志进行集中采集、存储、审计处理；⑤虚拟节点迁移管理系统：配置、管理虚拟节点动态迁移，实现虚拟节点安全规则的同步迁移。

第六，大数据保护。①数据存储加密，使用透明加解密技术，在保障数据安全的同时不影响用户使用；②数据防泄漏，综合利用数据库及文件行为监测、强制访问控制、数据加密等多种技术，有效防止敏感数据泄漏；③数据传输保护，建立安全传输通道，保障数据传输过程中的机密性、完整性、可用性，对数字内容进行加密和附加使用规则，对数字版权进行保护。

第七，云终端可信接入。①使用终端内置安全插件对终端安全状况进行检查及可信接入控制，实施终端的安全审计；②通过私有协议和加密技术提供终端到云服务器的数据传输安全保障；③通过硬件令牌对终端用户进行身份认证和数据访问控制，实现强准入控制和数据保护。

（二）蓝盾云安全解决方案

蓝盾股份是中国信息安全行业的领军企业，覆盖安全方案、安全服务、安全运营的完整业务生态，为各大行业客户提供一站式的信息安全整体解决方案。同时，公司也瞄准了信息安全外延不断扩大的趋势，通过"自主研发+投资并购"双轮驱动的方式，持续推进"大安全"产业发展故略，并以"技术升级""空间拓展""IT层级突破"三个维度为主线进行布局，构建完整的"大安全"产业生态版图。

（1）传统安全与云安全防护区别。传统安全防护方案是用户自行购买并部署反病毒软件、防火墙、入侵检测等一系列安全设备。这种方案不仅耗时、成本高、后期运维投入大，而且存在被绕过防护体系直接攻击服务器的风险。

蓝盾的网站安全云平台，节点采用替身方式，将所有的外部流量先引入防护节点再由防护节点中转用户流量，外部攻击者只能对节点进行操作，几乎无法发现内部的Web结构，从根本上保护了网站的安全，极大地提高了网站的安全性，同时，网站安全云平台本身就是一个功能强大的网站防火墙WAF系统，可以有效地应对常见的SQL注入、跨站攻击、网页篡改等网站攻击方式。

（2）云安全防护平台特点。①替身安全模式：网站安全云平台采用公有云服务模式，在全国范围内部署了多个服务节点；②无须部署，零维护：只需修改网站DNS指向，一键防护，平台配备专家团队负责安全运维；③全面网站监测和统计分析：包括网站漏洞扫描、网站访问数据统计与分析等；④提升网站访问速度，具有网站加速功能：包括寻找最近服务器、内容压缩传输、样态页面缓存、搜索引擎优化等，保障永远在线。

（3）方案价值。①统一化安全管理：对于大型集团企业、多级政府单位，申请公有云服务，节省安全建设成本；②全方位安全防护：防止各种网络攻击，确保网站安全；③多线路智能解析：依靠蓝盾的多地安全有点部署，实现负载均衡，提升网站访问速度；④智能分析、帮助运营：为用户提供智能的网站数据分析，帮助用户优化运营计划，提高网站的转化率。

（三）绿盟科技云安全解决方案

北京神州绿盟信息安全科技股份有限公司（以下简称绿盟科技）成立于2000年4月，为政府、运营商、金融、能源、互联网以及教育、医疗等行业用户，提供安全产品及解决方案。

绿盟云平台，用户可以选择在绿盟云安全集中管理系统内运行各类虚拟化安全设备，实现对公租户的个性化防护需求。系统安全资源池中各类安全产品可提供相应的安全能力系统具有提供安全产品开通、调度、服务编排，以及安全运维功能；提供安全策略管理、配置管理、安全能力管理、安全日志管理等与特定安全应用密切相关的功能，在全方位保障云环境安全的基础上使安全管理可视化、有效化。

1.方案优势

（1）适应性广，安全功能多。支持VMWare、OpenStack云平台，以及基于KVM、Xen的各种定制化云平台。同时，支持物理的、虚拟化、SaaS化的安全资源类型，提供多种安全能力。

（2）模块化架构，可灵活扩展。系统采用模块化架构，根据应用场景和需求的不同，可以选择和部署相应的安全资源，安全应用，以满足经济性、合规性要求。

（3）弹性资源，收放自如。通过资源池化技术、负载均衡技术、热迁移技术，以及通过安全子平台的能力，可以对外提供安全、弹性的安全功能，自如地进行扩容、缩容。

（4）全程自动化，可快速部署。运用SDN、NFV技术，用户通过系统可以按需、自助地进行安全能力的开通。同时，可以根据业务需要，实现多种安全设备的协同防护，抵御各类安全攻击事件。

（5）基于安全域的纵深防护体系。对于云计算系统安全域边界的动态变化，通过相应的技术手段，做到动态边界的安全策略跟随。基于安全域设计相应的边界防护策略、内部防护策略，部署相应的防护措施，从而实现多层、纵深防御，才能有效地保证云平台资源及服务的安全，从而构造纵深防护体系。

2.客户价值

（1）为云环境构建全方位的防护体系。对客户云平台做深入分析，根据其资源和安全需求，从物理基础设施、虚拟化、网络、系统、应用、数据等层面设计、建设和运维一套从点到面的全方位防护体系，为客户的云环境提供持续全面的安全保障。

（2）提供可控灵活的安全防护能力。通过安全能力抽象和资源池化，系统可将安全设备抽象为具有不同能力的安全资源池，并根据具体业务规模横向扩展该资源池规模，满足客户安全性能要求。后期还可以随着客户云环境的扩容进行安全资源池的灵活扩展，满足客户对安全服务能力的需求。

（3）内部人员可集中运维。简单、易用的运维平台可对云内虚拟化安全设备进行统一运维管理，可大幅度降低客户运维成本的投入，提高运维管理效率。

（4）向云迁移满足等保合规要求。通过构建安全监测、识别、防护、审计和响应的综合能力，有效抵御相关威胁，保障云计算资源和服务的安全，使客户在向云迁移的过程中满足监管与合规性要求。

3.应用场景

方案适用于私有云、混合云、专有云、行业云等各类云平台的安全防护，既适用于原生服务器虚拟化、云平台的场景，也可以使用在SDN和NFV的场景中。基于SDN的安全方案，也就是软件定义安全的应用场景、SDN技术的出现，特别是与网络虚拟化结合，给安全设备的部署模式提供了新的思路。软件定义的理念正在改变基础设施的方方面面，如计算、存储和网络，最终成为软件定义一切。这"一切"必然包括安全，软件定义的安全体系将是今后安全防护的一个重要前进方向。

第六章　云计算应用的开发与实现

　　云计算的开发与创新应用，衍生出诸多新型业态和新型商业模式，产生了巨大的经济价值和社会价值。本章对云计算应用软件的开发、云平台用户服务功能开发与实现、云平台虚拟机服务功能开发与实现进行论述。

第一节　云计算应用软件的开发

一、云平台的开发

（一）云平台的开发目标、原则与标准

1.云平台的开发目标

（1）支持PB级数据存储，保障访问高速、安全。

（2）完善的容灾备份机制。

（3）提供完整的故障预警和处理机制。

（4）提供弹性计算、自动扩充存储空间功能。

（5）提供数据挖掘、数据分析和数据展现工具。

（6）部署内容分发网络。

2.云平台的开发原则

　　（1）标准化。为使方案能保持先进性，在设备选型方面必须考虑未来的信息产业化发展，力求获得扩展支撑云服务相关标准的能力。

　　（2）高可用。为保障业务的连续运行，应以双备份要求的标准来配置设备和设计网络。消除网络连接中的单点故障，确保关键设备出现故障时可被切换。采用双路冗余连接作为关键设备间的物理链路。为了使关键主机可靠性提升，可采用双路网卡。系统在

应用全冗余的方式时，可靠性可达到电信级别。网络需要具备保护切换设备/链中故障的能力。

（3）虚拟化。应有效建设服务器、存储的虚拟资源池技术，设计网络设备的虚拟化并保证实现。

（4）高性能。云服务流量不再应用纵向流量，转而应用复杂的多维度混合方式，系统的处理能力与吞吐能力提高，能承受突发流量。

（5）绿色节能。除了低能耗之外，系统热量对空调散热系统的影响也应被重点考虑。应采用各种方式使系统功耗降低，应用的网络设备尽可能绿色、低功耗。

3.云平台的开发标准

（1）按需提供计算资源：需求低时释放，需求高时增加。

（2）动态增减硬件设备：硬件设备不应一次性投入，而要根据实情动态增减。

（3）应用服务弹性计算：负载高时多样化提供标准化应用；负载少时将计算资源释放，减少使用量。

（4）计算资源定制化服务：用户能够以定制的方式使用计算资源。

（5）计量服务：以计量的方式使用云平台中的计算资源，能够将产品运行过程中的各种成本投入有效统一。

（6）可定制的应用程序：用户可以通过配置完备的应用程序模板，将所需的应用程序快速定制出来并整合成产品解决方案。

（7）提供量化的可视监控报表：可以根据系统对计算资源的使用量和系统的总运行时间来查询。

（二）云平台的选型与实施

1.云平台的选型规范

云平台技术的稳定性和成熟度在当下的互联网领域中，会直接影响服务的维护能力、可用能力和管理能力等，所以在技术选型时需要遵循下列规范：

（1）统一的技术平台。应当在统一的技术范围内实施云平台的各个模块，这样模块间的集成能力和互相协调的能力都能得到提高。

（2）系统可用性平衡。若产品服务的安全性已得到保障，可以在选择云技术平台时采用成熟度较高的技术，保证系统运行的高可用性、安全性，且能够弹性计算。

（3）规范的管理与维护性。与云计算平台的每个可管理深度与范围相符合，保障维护与管理能快速有效地进行。

（4）技术接口开放能力。能够与云平台模块的最高可扩展能力相符，使云平台在未来不受对外服务和功能的限制。

（5）较强的服务能力。选择云平台服务和解决方案时，采用成熟度较高的第三方，在应急响应和技术支持方面为云平台的运行提供保障。

2.云平台的选型因素

不同企业在云平台建设时，要根据自身因素确定云平台。选择不同云平台时，云平台选型因素如下：

（1）公有云的选型因素。公有云的企业类型包括：中小型企业、中小型互联网企业、初创企业。

1）中小型企业。中小型企业的选型因素是由于没有历史旧设备，业务可全部部署在公有云上，减少IT设备投资及运维成本。

2）中小型互联网企业。中小型互联网企业的选型因素是公有云提供的部署灵活性，可以满足快速增长的业务量或高峰时段，需要计算资源的快速扩容。

3）初创企业。初创企业的选型因素是能够避免IT基础设施投入带来的早期财务压力。

（2）自建云的选型因素。自建云的企业类型包括：政府、传统大型企业、大型互联网企业。

1）政府。政府的选型因素是保护核心敏感数据，继续使用无法迁移到公有云环境的历史遗留设备和应用。

2）传统大型企业。传统大型企业内部有较多的服务平台，这是此类企业的选型因素，为了降低企业投资在硬件设备上的成本，可以选择将服务平台向自建云中部署。

3）大型互联网企业。大型互联网企业的选型因素是拥有高速和高性能的现有设备，能够将自建云变成对外公有云服务并向自有客户提供互联网服务。

3.云平台服务的能力对比

可以在私有云和公有云平台上部署服务，这两种平台有极其类似的技术，但在部署投入成本和功能、管理实现方面有各自的优缺点。

云平台服务能力对比，内容如下：

（1）软件应用服务层（SaaS）。对比公有云与自建云，软件应用服务层（SaaS）的多用户接口能力与产品服务定制能力。

1）公有云。

公有云的多用户接口能力：公有云可为开发人员提供便捷的工具，利用现有的服务为多用户接口访问模式提供保障。

公有云的产品服务定制能力：公有云能够为部署产品的开发商和开发人员提供独立的门户，产品第三方开发商和产品使用者，即可在独立空间中使用提供的工具，开发或者快速制订自己的产品解决方案。

2）自建云。

自建云，又称为私有云，"云计算技术的兴起使得人们使用服务、资源的方式发生了改变，越来越多的企事业单位致力于构建自己的私有云平台"。[①]

自建云的多用户接口能力：需要开发人员在产品和所提供的私有云平台上做代码级约束，以便符合私有云对外提供应用程序使用模式。

自建云的产品服务定制能力：产品开发人员，需要单独在云模块中，对产品做开发修改，来符合云模块对外开放的用户接口。

（2）中间服务层（PaaS）。对比公有云与自建云，中间服务层（PaaS）的软件和开发所需系统交付能力；高可用和冗余性；系统安全性结构；计算资源弹性服务；计算资源自助服务；计算资源申请和审批服务；计算资源计量服务；自动化产品部署任务服务；数据完整和保障服务；限定范围内的故障恢复时间和恢复能力。

1）公有云。

第一，公有云的软件和开发所需系统交付能力：公有云提供较多的操作系统模块和所需的云平台管理模块、产品开发模块，能够快速部署操作系统软件和开发模块，并交付给开发或产品部署人员使用。

第二，公有云的高可用和冗余性：无须关心云平台硬件冗余机制，可使用提供的负载均衡服务或者高可用机制提高部署产品的高可用。

第三，公有云的系统安全性结构：不需要单独部署和规划网络安全性，公有云提供商的后台可以对数据自动加密。

第四，公有云的计算资源弹性服务：按照需求提供部署所需的硬件资源，能对系统产品需要的计算资源数量作出自动调整。

第五，公有云的计算资源自助服务：部分公有云能够为企业、个人或部门提供单独的资源管理门户，其中包含资源可视化使用和资源计量服务。

第六，公有云的计算资源申请和审批服务：不提供，但可以在企业中部署计算资源审批门户，并与公有云服务做连线。

第七，公有云的计算资源计量服务：公有云服务能够提供可量化的资源使用情况报表和单独的计费系统。

---

①谢显杰.基于OpenStack的私有云平台构建研究[J].信息与电脑（理论版），2022，34（05）：88.

第八，公有云的部署自动化产品任务服务：一些公有云提供商可以部署与安装自动化的系统软件，将完整的系统提供给产品部署人员或开发人员。

第九，公有云的数据完成与保障服务：不需要部署与规划，就可以将数据库高可用服务提供给相应人员。

2）自建云。

第一，自建云的软件和开发所需系统交付能力：需要按企业需求定制操作系统模块部署方式和流程，并使用技术手段与私有云快速交付模块做连接。

第二，自建云的高可用和冗余性：需要按企业需求规划云平台系统高可用服务，并按产品特性部署高可用服务。

第三，自建云的系统安全性结构：需要规划网络安全和系统数据安全性。

第四，自建云的计算资源弹性服务：需要云平台管理员手动调整资源使用大小，不能按实际使用量自动增减部署产品的计算资源，如需自动增减计算资源需要单独对私有云平台相关模块做代码链接。

第五，自建云的计算资源自助服务：需要前期规划或者定制并修改云资源自助使用门户，满足对自助资源门户的使用要求。

第六，开发审批流程结合相应的资源审批：人做流程定制，最终完成资源审批动作。

第七，自建云的计算资源计量服务：需要对私有云平台相关模块按企业需求定制开发，方可完成。

第八，自建云的自动化产品部署任务服务：自动化部署服务需要第三方云开发商按企业需求定制开发。

第九，自建云的数据完整和保障服务：需要按数据库高可用机制做前期规划和后期部署。

（3）基础结构层（IaaS）。对比公有云与自建云，基础结构层（IaaS）的硬件资源整合服务、硬件设备冗余服务、硬件设备自助增减服务、云平台集中管理服务、云平台维护服务。

1）公有云。

第一，公有云的硬件资源整合服务：无须购买昂贵的服务器、网络、云管理系统模块、网络带宽、机房、存储等设备，只需按产品部署要求购买公有云上的计算资源，便可将产品快速部署上线。

第二，公有云的硬件设备冗余服务：只需要一套硬件设备就可以提供硬件冗余服务。

第三，公有云的自助增减硬件设备服务：要想将网络带宽扩展，将系统需要的硬件资源增大，只需要对相应服务按需购买即可，不需要考虑机房设备资源的情况。

第四，公有云的云平台集中管理服务：公有云提供集中的管理接口，其中包含系统性能监控、计算资源分配、可视化使用量等系统管理服务。

第五，公有云的云平台维护服务：公有云服务商拥有专业团队，提供7×24小时的整个公有云服务后台监控和维护。

2）自建云。

第一，自建云的硬件资源整合服务：按需购买物理设备和所需的资源，其中包含第三方云管理模块的授权、网络带宽、机房、设备维护点、电力等，按前期规划部署和实施整个云平台。

第二，自建云的硬件设备冗余服务：需要按企业云平台高可用规划方案，部署和实施产品高可用服务。

第三，自建云的自助增减硬件设备服务：前期需要详细规划硬件设备的使用量，若设备不具备充足的服务能力，则需要对网络带宽和硬件设备等额外购买，并以云平台的整合资源能力为参照自助添加。

第四，自建云的云平台集中管理服务：没有集中的管理门户，私有云中的每一项管理任务，需要在私有云每个模块中单独完成，如果需要集中管理门户，应单独简单开发。

第五，自建云的云平台维护服务：需要单独的人员对私有云平台中的每一项模块做单独调整，云平台性能监控、资源使用情况、资源报表定制、数据备份、网络服务等管理任务，并且大规模的私有云需要多人维护和管理。

（三）云平台的技术选型

1.云平台的硬件设备

（1）主机：刀片服务器/机架式服务器。

（2）存储：SAN存储、NAS存储、IP存储、虚拟磁带库、异构存储控制系统、SAN交换机。

（3）网络设备：路由器、光纤交换机、负载均衡、VPN网关。

（4）安全设备及配套：防火墙、入侵防御设备、运维安全审计系统、数据库安全审计系统、漏洞扫描系统。

2.云平台的软件

（1）物理服务器和虚拟服务器操作系统：Linux操作系统。

（2）虚拟化软件：KVM、Hpyer-V或VMware。

（3）开放平台：JavaEE、NET或是PHP等。

（4）大型数据库：Oracle、SQLServer、MySQL或PostgreSQL。

（5）云平台管理软件：包括网络管理、资源管理、用户管理、统计报表、监控、警告等管理功能。

3.云平台的机房配套设备

（1）配置UPS，保障电源持续可靠。

（2）空调设备，保障机房散热持续正常。

（3）标准机架，提供物理基础设施的放置和维护空间。

（四）云平台的实施流程

1.公有云平台的使用部署流程

公有云平台提供支持新的云计算应用开发部署的PaaS平台和以虚拟机托管为基础建立的IaaS服务，用户可以对实际IT资源的大小进行动态调整，付费标准为实际的IT资源使用量。

（1）商务立项。正式选择和确定公有云平台，以独立的项目流程为标准开展。

（2）需求调研。以对云平台服务能力的定位和部署规模为依据整理需求，在此基础上对大致的资源使用量作出评估。

（3）选择公有云服务商。与服务商开展技术交流，选用合适的服务商。

（4）合同签订。与公有云服务商签订商务合同。

（5）规划设计。以需求调研为依据编写产品部署架构设计方案、测试时间、项目实施计划和上线时间等内容。

（6）实施部署。产品的部署要参考产品部署方案架构和项目实施计划。

（7）云平台试运行。编写试运行的功能与时间范围等的运行计划，以开发和测试环境需要的条件为参照，试运行公有云平台，并对公有云服务的使用方法进行调整。

（8）上线通知。公司内部通告产品正式在云端上线，将商务部分的其他协议内容完成，此过程需要参照合同与服务商。

2.私有云平台的实施流程

私有云平台建设有多个环节步骤，其中包括机房建设或租用、云平台软件产品模块、云结构和功能实现、硬件设备投入等，所以需要循序渐进地按照特定步骤实施计划。

（1）商务立项。正式选择和决定私有云平台，并按照独立的项目流程开展。

（2）需求调研。以云平台服务能力的定位和部署规模为依据来整理需求，需要额外开发的云模块和功能也包含在内。

（3）选择云模块产品。对云平台底层技术框架进行定位，选用的集成云模块应当尽可能与云平台服务能力相贴近，且拥有较高的性能。

（4）选择云产品供应商。同各供应商开展技术交流，从中选出合适的供应商展开合作。

（5）合同签订。与云开发商或云产品提供商签订商务合同。

（6）制订部署计划。对私有云开发过程中需要的开发计划、测试时间、项目规划和上线时间等内容进行部署。

（7）实施部署。以自建云方案中的硬件设备要求为依据，购买服务器、互联网环境与所需硬件设备，在硬件上架后可以同步进行云功能开发和云产品部署。

（8）云平台试运行。针对试运行设定包括云功能和试运行的时间范围在内的计划，以测试与开发环境所需的条件为依据来试运行云平台。

（9）出具上线和验收标准。以云服务能力的定位为依据，出具多个方面的验收标准，包括可用性、安全性和功能性，等等。

（10）项目验收。同产品提供商和云开发商共同展开功能演示，系统地演示方案中所有功能模块与案例，以及验收标准的操作。

（11）上线通知。全单位告知云平台建设并符合上线标准，以合同为标准同云产品开发商和提供商共同将商务部分的其他协议内容完成。

（五）云平台的部署与优化

以OpenStack为例，经部署之后，OpenStack云管理平台还存在许多扩展性和存储方面的问题。例如，虚拟机在业务负载过高后，该如何迅速将物理节点增加，并与线上压力抗衡，如何使存储的I/O性能不受影响，虚拟机的操作系统被永久损毁后，如何在短时间内将虚拟机的运行恢复并持续提供服务。针对上述问题，需要对下面的工作作出优化，并使用高可用配置。

1.虚拟机在线迁移与物理机宕机迁移

（1）在线迁移。OpenStack云平台环境上线运行后，由于在数据中心服务器的负载均衡和容灾方面有需求，经常需要在机器运行的状态下进行跨数据中心和虚拟机跨物理机的迁移。

（2）宕机迁移。如果因为各种原因，虚拟机所在的宿主机出现了宕机的情况，就算虚拟机和虚拟化服务本身处于完好的状态，也不可以向外提供服务，若要使虚拟机恢复工作，可以借助物理机宕机迁移的方式达成目的。

物理机宕机迁移操作的实施需要共享存储的支持，在物理机宕机迁移后，虚拟机可以转到新的宿主机上，受到影响的工作状态得以迅速恢复。在迁移过后，有可能访问不到虚拟机，这是因为迁移过程中出现了网络信息丢失的情况，只要将该虚拟机浮动IP的绑定解除，并将原IP重新绑定即可。

以NFS为基础建立的共享存储比较适合物理节点规模较小的环境，在这样的环境中，可以部署一些网络压力较小和并发量不高的业务。如果生产环境对高负载性和横向扩展性的需求较高，可以选择基于glusterfs文件系统来提供共享存储功能。

2.glusterfs使用调整

glusterfs作为PB级的分布式文件系统优势在于有良好的横向扩展性，存储节点可以达到数百个，支撑的客户端能够达到上万的数量。扩展增加存储节点的数量，不需要中断系统服务即可进行。另外，通过条带卷stripe和镜像卷replica，可以实现类似于RAID0和RAID1的功能。

配置条带卷，可以将文件以数据块为单位分散到不同的brickstorage结点上；配置镜像卷，可以将相同的数据冗余存储到不同的brickstorage结点上。两者结合，综合提高文件系统的并发性能和可用性。在创建存储集群时，可以通过配置创建分布式的RAID10卷，通过实现软RAID，提高文件系统性能。

修改条带卷和镜像卷的配置值，可以灵活改变数据冗余的份数和glusterfs的并发读写能力。具体取值，可以根据业务场景和性能要求，通过实践决定。

glusterfs和文件系统的默认配置在I/O性能和小文件读写上存在一定问题，可以尝试从以下方面来提高性能：

（1）调整读写的块大小，得到选定文件系统下最适宜的数值，提升底层文件系统的I/O效率。

（2）本地文件系统的性能优化。

（3）根据具体业务调整每个文件的读写cache达到最优效果，配合glusterfs固有的cache机制。

（4）在保证数据安全谑系统稳定的前提下，尽量减少数据冗余的份数，这样可以极大缓解glusterfs在查询多个结点时的时间损耗。

3.OpenStack本地仓库的搭建

OpenStack采用离线部署主要是规避安装过程中国外源的超时问题，从而较大地提升安装部署效率。借助自动化的安装脚本RDO或者Devstack安装也很便捷，但是如果网络不稳定或者国外源出了问题，安装会很麻烦。

（1）下载各安装源到本地。下载CentOS源，安装是在CentOS发行版下进行，首先将CentOS最新版本的源拿到本地。定位到放置源的本地路径，使用相关命令进行操作。

（2）建立本地源。定位到相关目录下，完成本地源的建立。

二、虚拟云开发

虚拟云是一款有关云架构的系统开发软件，它拥有稳定的硬件资源，可以实现云架构、云应用等。云计算使得企业明显减少了硬件资源的投入，而且是企业拥有了比较高端的技术，可以搭建自己的网站和实现互联网的服务和应用。

下面以VMware为例，讲解虚拟云。VMware可以降低客户的成本和运营费用、确保业务持续性、加强安全性并走向绿色。VMware在虚拟化和云计算基础架构领域处于全球领先地位，VMware可以通过敏捷、灵活的交付服务提高IT效率，降低用户使用的复杂性。除此之外，VMware还可以加快云计算的过渡，并在原有投资的基础上提高虚拟化的控制力和安全性。

（一）服务器虚拟化vSphere

vSphere是VMware公司推出的一套服务器虚拟化解决方案，在业界，它是最可靠和先进的虚拟化平台。vSphere可以在底层硬件中分离出操作系统和应用程序，起到简化IT操作过程的作用。

VMware vSphere的架构采用的是裸金属，VMware vSphere可以直接安装在提供虚拟化资源的主机服务器硬件上，相当于给服务器同时安装了多个可移动、高安全的虚拟机。虚拟机平台可以完全控制和分配各个虚拟机的服务器资源，提高物理机的性能和企业级的扩展性。

虚拟化平台可提供资源共享功能，并能在运行中的虚拟机之间共享物理服务器的资源，这不仅最大限度提高了服务器的利用率，还确保了各个虚拟机之间保持隔离状态。虚拟机平台内置了高可用性、资源管理和安全性等特性，这些特性为应用程序提供了比传统物理环境更高的SLA（服务等级协议）。

vSphere的核心组件有ESXi和vCenter。

1.ESXi

ESXi通过Hypervisor实现横向扩展，实现一个基础操作系统，使它能够自动配置，远程接收配置信息，从内存运行而不是从硬盘运行。ESXi是一个足够灵活的操作系统，不需要额外设施，随时可安装到本地硬盘上，且保留本地保存的状态和用户定义的设置。

ESXi操作系统建立在VMkernel、VMkernel Extensions和worlds三个层次上，能够实现虚拟机环境。

（1）VMkernel。VMkenel是ESXi的基础，且为ESXi专门设计的。它是64位的POSIX操作系统的微内核。VMware设计，是一个能够作为Hypervisor的操作系统。VMkernel管理物理服务器，协调所有CPU的资源调度和内存分配，控制磁盘和网络的I/OStack，处理所有设备驱动。

（2）VMkernelExtensions。除VMkernel外，还有很多Kernel模块和驱动。这些扩展

使得操作系统能够通过设备驱动与硬件交互，支持不同的文件系统，以及允许其他系统调用。

（3）worlds。VMware把它的可调度用户控件称为worlds。这些worlds允许内存保护、与CPU调度共享，以及定义separation权限基础。worlds有以下三种类型：

1）系统worlds。系统worlds是特殊的内核模式的worlds，能够以系统权限运行进程。

2）VMMworlds。VMMworlds是用户空间的抽象，它让每个guest操作系统都能够看到自己的x86虚拟硬件。每个虚拟机运行在由它自己调度的VMMworlds中。它将硬件（包括BIOS）呈现给每个虚拟机，分配必须的虚拟CPU、内存、硬件、虚拟网卡等。

3）用户worlds。用户worlds指所有不需要以系统worlds赋予的权限来执行调用命令的进程。它们可以执行系统调用来与虚拟机或整个系统交互。

2.vCenter服务器组件

vCenter服务器装在Windows操作系统实例上或者预安装在Linux上，作为vCSA的一部分。vCenter服务器主要有两种方式：作为可安装应用运行在Windows操作系统实例上，或者作为vCSA的一部分预安装并运行在Linux操作系统上。

vCenterServer功能特性如下：

（1）部署选项。vCenter Server Appliance（vCSA）使用基于Linux的虚拟设备快速部署vCenterServer和管理vSphere。

（2）集中控制。

1）vSphere Web Client可以为世界上任何位置的任意浏览器提供管理vSphere的功能。

2）用户可以通过清单搜索功能在任何地方利用vCenter访问vCenter清单的所有内容。

3）当关键组件出现硬件故障时，硬件监控功能可以自动发出故障警报，还会提供服务器运行状况的综合视图。

4）新的实体、事件和衡量指标由改进的通知和警报功能提供，比如，特定的虚拟机的警报和数据存储。

5）改进后的性能图可以提供实时、详细、准确的统计数据和图表，还可以监控虚拟机、服务器和资源池的资源可用性和利用率。

（3）主动管理VMware vSphere。

1）主机的配置文件可以将ESXi主机的配置方式和配置管理简化、标准化。另外，主机的配置文件还可以捕获已经验证过的配置蓝本，并把配置文件中的配置部署到多台主机中，简化主机的设置。除此之外，主机的配置文件还可以监控各个配置的遵从性。

2）提高效能。利用VMware分布式电源管理功能，可以提高效能。DRS集群中的利用率由分布式电源管理功能持续监控，当集群的资源需求较少时，主机会自动开启待机模式，由此减少耗能。

3）新增的vCenter Orchestrator具有强大的编排引擎，用户可以通过vCenter Orchestrator现有的工作流或装配的工作流自动执行800多个任务，达到简化管理的效果。

4）改进了补丁程序管理。借助vSphere Update Manager中的遵从性控制面板、基准组和共享的补丁程序存储库，改进补丁程序管理。vSphere Update Manager会自动对vSphere主机进行扫描和修补。

（4）可扩展的管理平台。

1）大规模管理的改进。一开始，设计vCenter Server的初衷就是处理最大规模的IT环境，所以，vCenter Server可以有效改进大规模管理。并且，vCenter Server的扩展性很强，因为它是一个64位Windows应用程序。

2）链接模式具有可扩展的体系结构，链接模式可以跨越众多vCenter Server实例对照相应的信息，还可以从基础架构中复制权限、角色和许可证，所以，链接模式可以实现同时登录所有vCenter Server，然后搜索、查看清单。

3）和系统管理产品集成Web服务API起到保护用户投资的作用，用户可以通过Web服务API自由选择管理环境的方式。

（5）优化分布式资源。

1）管理虚拟机的资源。在相同的物理服务器上，把内存资源和处理器分配给多个虚拟机。在按比例分配资源的过程中，应该根据内存、CPU、磁盘和网络带宽的最大值和最小值分配。并且，虚拟机还可以同时进行资源分配和修改，为了满足高峰期的性能高要求，虚拟机可以支持很多动态的应用程序。

2）分配动态资源。vSphere DRS跨资源池对资源利用率的监控是不间断的，vSphere DRS跨资源池还可以在多个虚拟机之间根据业务需求和不断变化的预定义规则智能分配可用资源，最终提高内置负载的自我管理能力，并不断优化升级IT环境。

3）优化高能效资源。vSphere分布式电源管理可以不间断地对DRS集群中的能耗和资源需求进行监控。当集群所需的能源增加时，DPM可以让关闭的主机恢复在线，完成服务级别的要求；当工作负载的资源需求减少时，vSphere分布式电源管理可以把主机自动置入待机模式，并整合工作负载，减少资源消耗。

（6）安全性。

1）访问控制精细化。环境安全的保障主要依赖控制精准的权限和可以配置的分层组定义。

2）权限和角色的自定义。选用用户定义的角色可以提高灵活性和安全性。VMware Center Server用户采用适当的权限可以创建自定义角色，比如，备份管理员就是通过指派自定义角色给用户，限制访问整个库存中的服务器、虚拟机和资源池。

3）审核信息的记录。保留管理员的记录信息和重大配置更改信息，形成报告信息跟踪事件。

4）会话管理。发现并根据需要终止VMware Center Server用户会话。

5）补丁程序管理。使用VMware vSphere Update Manager对在线的VMware ESXi主机以及选定的Microsoft和Linux虚拟机进行自动扫描和修补，从而强制遵从补丁程序标准。

（二）桌面虚拟化

企业引入桌面虚拟化技术之后，桌面和应用同样可以服务的形式被交付，利用软件定义的数据中心的各种优势功能，可以实现桌面的集中管理、控制，满足终端与个性化、移动化办公的需求。

桌面的虚拟化基础镜像和以往的物理机Ghost镜像相似，管理员可以把大众所属的应用程序安装在基础镜像中，如果用户需要更新应用程序，并得到全新的桌面应用，只需要将系统模板更新即可。

桌面虚拟化平台可以与AD集成，所有的AD对象信息，如用户、计算机、组织单位、用户组都可以被桌面虚拟化平台使用。当管理员需要对桌面池进行授权时，只需要在桌面虚拟化控制台上对所需的用户或用户组进行授权即可。

通过桌面虚拟化自带的策略，可以很容易地实现数据的防泄漏。同时，因为数据驻留在数据中心，用户终端上并没有任何的数据驻留。集中化对于数据保护更有效率。

1.桌面虚拟化原理

桌面虚拟化是集成了服务器虚拟化、虚拟桌面、虚拟应用、打包应用、远程会话协议等多种IT技术。

（1）服务器虚拟化技术。它是通过在标准的x86物理服务器上安装虚拟化层软件，来对物理服务器的资源进行虚拟化划分，实现同一台（或多台组成的集群）物理服务器上的硬件资源的共享，以同时运行多个VM（虚拟机）实例的技术。

（2）虚拟桌面构架。虚拟桌面构架是通过安装在用户端上的虚拟桌面客户端，使用远程会话协议连接到数据中心端虚拟化服务器上运行的虚拟桌面。VDI的特点是一个虚拟机同时只能接受一个用户的连接。

（3）应用虚拟化。应用虚拟化也称应用发布、服务器的计算模式、远程桌面服务等，它通过桌面虚拟化客户端使用远程会话协议连接到数据中心运行的服务器操作系统虚拟机上的应用程序、桌面。应用虚拟化与VDI最大的区别在于其可以在同一操作系统上同时接受多个用户的并发连接。

（4）打包应用。打包应用是通过在操作系统上利用沙盒技术来运行应用程序，以保证在同一个操作系统上可以同时运行多个原本，并不相互兼容的应用程序的技术。

（5）远程会话。远程会话是通过虚拟化客户端与数据中心虚拟化桌面或应用进行操作、输入输出、用户界面交互的远程连接传输协议。主流的远程协议包括微软的RDP、VMware的PCoIP、Citrix的HDX协议等。

2.桌面虚拟化的优势

（1）数据安全。得益于桌面虚拟化的中心计算和存储的技术特性，用户的所有操作都在数据中心内部完成，数据的产生和处理被封闭在中心云端。IT和管理层甚至不用担心在移动及互联网环境下会造成数据失窃以及违规操作的风险。

（2）管理简化。所有员工的桌面数据和应用程序都可以通过桌面的虚拟化平台进行集中化管理。通过可视化的监控平台，IT员工还可以实时了解和掌握整个企业IT环境的运行情况，并及时解决日常突发事件，提高服务水平。

（3）创新工作模式和移动化。移动化是一种新的潮流，员工可以利用桌面虚拟化，不受时间、地点和设备的限制，灵活地完成业务操作，并在有效时间内及时、敏捷地提高业务处理能力，让企业可以在瞬息万变的市场环境中保持自身的市场竞争力。

（4）降低总体拥有成本。桌面虚拟化对于很多企业在成本降低方面也有明显的作用。数据中心承担用户需要的所有应用及系统的负载，而用户前端设备只承担一些基本的用户输入输出的低负荷操作，因此在性能不能满足用户需求的情况下，只需要升级数据中心端的资源即可，有效地保证了用户前端设备的资金投入。除此之外，为了降低运营层面在桌面端投入的人力资源，企业可以提高运维管理的水平和安全性。并且，为了降低电力成本的支出，企业可以把客户机替换成PC设备。

（5）桌面可靠性。以数据中心的服务器虚拟化平台为基础构建的桌面虚拟化环境，通过高可用（HA）、动态资源调度（DRS）等服务器虚拟化可用性特性，可以保证虚拟化的业务应用及桌面在对可用性要求非常严苛的生产环境中不停地使用。

（6）提高员工工作效率。企业为了提高员工的工作效率，可以允许员工在自有的设备上办公，并且可以把自有的设备连接到企业的IT环境中。

3.桌面虚拟化产品

（1）VMware Horizon核心功能。VMware Horizon不仅能够交付、保护和管理Windows桌面及应用，而且可以控制成本，确保终端用户可以随时随地使用任意终端设备完成工作。VMware Horizon可以实现的核心功能如下：

1）交付桌面和应用通过单一的平台。单一平台的交付操作可以简化管理工作，向终端用户授权的过程也比较轻松，还可以在任何地点和任何设备终端交付Windows桌面和应用程序给用户。

2）通过统一工作区提供出色的用户体验。

3）闭环管理和自动化。能够整合对用户计算资源的控制，并自动交付和保护计算机资源。

4）交付和管理实时应用。将大规模的配调应用实时交付给用户，把应用程序动态附加到用户设备中，也可以在已经登录的用户桌面中附加动态应用程序。

5）管理映像和策略。授权和调配桌面应用可以通过View实现；Mirage的同一映像管理功能可以简化对物理机和虚拟机的管理；IT部门通过数据中心体系结构和软件定义可以轻松地在多个数据站点和中心放置和迁移View单元。

6）分析和自动化。VMware Realize Operations for Horizon的云分析能够提供整个桌面环境的可见性，使IT部门能够优化桌面和应用服务的运行状况和性能。

7）编排和自助服务。vCenter提供用于管理桌面工作负载的集中化平台；VMware Realize Orchestrator的插件使IT组织能利用VMware Realize Automation实现桌面和应用调配的自动化。

8）优化软件定义的数据中心。虚拟化的强大功能可以通过虚拟网络连接和安全性、虚拟计算和虚拟存储得到扩展延伸，并在此基础上提高用户的体验感和降低成本，进而提供更优质的业务服务。

VirtualSAN在符合策略的基础上可以自动执行存储配调，然后通过存储资源降低负载成本。

（2）虚拟桌面基础架构Horizon View。VMware Horizon View可以支持用户灵活安全地访问应用程序和虚拟桌面，属于企业级桌面解决方案，它和VMware vSphere之间的关系非常紧密，并为用户提供安全托管服务式的交付桌面。VMware Horizon View的可靠性和可扩展性非常强，它使用基于Web的直观管理界面创建和更新桌面映像、管理用户数据、实施全局策略、实施全局策略等，可以监控和代理成千上万个虚拟桌面。

4.桌面虚拟化的应用场景

软件开发中心可以使用桌面虚拟化保护核心代码的开发，快速地应用程序测试，实现敏捷应用开发。

营业厅及分支机构通过桌面虚拟化，可以实现桌面的中心部署，在应用程序需要更新、部署时，可以在最短的时间内，通过最少的人工完成。

移动办公可以使用手机、平板电脑、浏览器等方式进行远程连接。用户可以在任何地点、任何网络，使用任何设备进行办公。

呼叫中心通过桌面虚拟化的方式，对呼叫中心人员的应用或桌面虚拟化，既可以保证人员工作环境的可用性，又可以保证对敏感用户信息的保护。

培训中心通过采用桌面虚拟化及瘦客户机技术，可以降低电力的总体成本，同时将IT人员从复杂的设备运维中解放出来，将精力应用于其他更具有价值的工作中。

三、云计算应用软件开发

随着信息技术的不断发展，云计算利用虚拟化和网络等技术成为世界信息技术发展的重要组成部分，云计算也因此加强了对软硬件资源弹性化、集中化和动态化的管控，并在此基础上建立了全新的一体化服务模式。此种新的服务模式为传统信息技术带来了挑战和机遇。

（一）云计算应用软件

云计算应用软件是和系统软件相对应的，是用户使用各种程序设计语言（C 和 C++、C#、Java、PHP、Python 等）编制的应用程序的集合。应用软件是为满足用户不同领域、不同问题的应用需求而提供的软件，它可以拓宽计算机系统的应用领域，放大硬件的功能。

1.应用软件的种类

（1）办公室软件。文书试算表、数学程式创建编辑器、绘图程式、基础数据库档案管理系统、文本编辑器等。

（2）互联网软件。即时通信软件、电子邮件客户端、网页浏览器、客户端下载工具等。

（3）多媒体软件。媒体播放器、图像编辑软件、音频编辑软件、视频编辑软件、计算机辅助设计、计算机游戏、桌面排版等。

（4）分析软件。计算机代数系统、统计软件、数字计算、计算机辅助、工程设计等。

（5）商务软件。会计软件、企业工作流程分析、客户关系管理、企业资源规划、供应链管理、产品生命周期管理等。

2.云计算应用软件的特性

（1）与传统软件相比，云计算应用软件在交互模式和开发模式上发生了颠覆性的改变。传统软件传播的主要介质是磁盘等固体介质，并且，软件必须安装在用户的计算机上，此种开发模式非常消耗资源。云计算应用软件的优势是厂家先把软件安装在云平台上，只要用户有网就可以使用软件，不需要消耗服务器和磁盘等资源。

（2）与传统软件的盈利模式不同，传统软件主要盈利的来源是销售软件产品，传统软件需要支付的费用主要包括软件投入的安装费、购买费、管理费和维护费等。

相比于传统软件的盈利模式，云计算应用软件采用的是租赁制，出品商主要依靠租赁费盈利，租赁的周期可以是一个月、半年或者一年。

相比于传统的应用软件，云计算应用软件的适用空间更广泛，使用时间更长。云计算应用不受时空限制，只要有网就可以应用，但是传统的软件在空间和时间上受制于安装地址和服务器。

云计算应用软件的重复应用程度更高。复用程度一直是软件开发的重要衡量标准，也是软件开发克服软件危机的重要途径之一，云计算应用在软件复用上的成效非常明显。软件的复用程度可以减少开发软件的错误，将软件的可信性提高。

（二）云计算应用软件开发的关键技术

1.SOA技术

SOA技术是指面向服务架构技术，SOA强调服务的重要性。随着信息技术的不断发展，软件开发商在更深入地开发SOA技术，就目前的应用程序开发领域而言，SOA技术已经无处不在。

SOA技术的开发随着SaaS的火热开发更加深入。随着人们对科技产品的依赖不断增加，IT环境也变得日趋复杂，从目前的发展趋势来看，未来的科技发展趋势更偏向于动态、服务性、多元等方向的健康发展，单一、模式化的科技发展趋势已无法满足社会的需求。

2.Ajax技术

Ajax技术结合了多种编程技术，包括JavaScript、DHTML、XML和DOM等，并且，它是开发Web应用程序的技术，可以让开发人员在Ajax技术的基础上开发Web应用，还突破了使用页面重载的惯性，给用户提供了更加自然的浏览体验。每当浏览器网页更新时，网页修改都是逐步增加和异步的。由此，Ajax技术提高了用户使用应用界面的速度。

在Web网页中加入Ajax的应用程序，可以为用户提供更加轻松、有效的网页服务，用户不需要花费太长的时间等网页刷新。在页面中，需要更新的部分才需要更改，并且，网页更新可以是异步的，并且在本地完成。用户在刷新网页的同时，可以享受SaaS的应用服务，可以像使用传统C/S软件一样流畅、习惯地使用B/S软件。就目前的软件应用领域来说，Ajax技术在SaaS应用的基础上正在不断地融入软件行业中。

3.Web Service技术

Web Service技术是一种组件集成技术，以HTTP为基础，以XML为数据封装标准，以SOAP为轻量型传输协议。

Web Service技术是互通信息、共享信息的接口。Web Service技术在任何符合标准的环境中都可以用，因为Web Service技术使用的是统一、开放的网络标准，并且Web Service技术可以让原本孤立的站点信息相互联系和共享。Web Service技术的设计目标具有扩展性和简单性，它的特性可以促进异构程序和平台之间的互通，让应用程序被广泛访问。

Web Service可以在SaaS软件中为各个组件提供互相沟通的机制，Web Service技术可以将各个平台和开发工具的应用系统集合起来，提高应用系统的扩展性。Web Service技术的核心是SOAP，SOAP属于开放性标准协议，不但可以结合企业的内部信息系统和防火墙，还可以突破应用壁垒，为企业提供安全、集成的应用环境。SOAP还提高了系统的弹性，企业可以将任何自定义的信息封装起来，并且不需要修改源代码。

4.单点登录技术

单点登录技术是从软件系统的整体安全性出发，实现一次性自动登录和访问所有授权的应用软件，并且不需要记忆各种登录口令、ID或过程。

Web Service环境中的系统需要相互通信，但是要实现系统之间相互维护和访问控制列表不切实际。从用户的角度出发，用户都想要更好的应用体验，都想以简单安全的方式体验不同的业务系统。除此之外，单点登录环境还包含一些独特的应用系统，它们有自己的认证方式和授权方式，所以，在应用Web Service环境中的系统时，还需要解决不同系统间用户信任映射的问题，由此确保当用户的一个系统信息被删除时，其他相关的所有系统也都不能访问。

（三）云计算应用软件的开发模型

1.云计算应用软件的总体架构

云计算应用软件非常注重资源的随需分配和共享，其划分服务模式的方法也有很多，主要分为三类基本服务：平台即服务（PaaS）、基础设施即服务（IaaS）、软件即服务（SaaS）。

根据云计算技术模式设计平台层、应用层和基础层的理念，可以将开发平台的框架分为以下三种情况：

PaaS层面。云计算软件开发的技术核心是SOA0层面、平台工具和构件库，通过统一开放的API，软件业务化定制引擎可以给SaaS层面提供定制化服务。

IaaS层面。IaaS层面可以给软件系统提供内部虚拟化的分布式集群环境和统一平台，还可以为上层提供基础运行功能，并降低运维软件系统的难度和提高资源利用率。

SaaS层面。SaaS层面为软件提供应用和定制服务，并为应用软件提供定制开发服务接口和应用服务接口。用户在调用这一层服务的过程中，服务体系结构和服务接口都是统一开放的。

2.云计算应用软件的开发实现方案

云计算应用软件开发平台由云计算支撑环境、云计算应用软件开发工具和云存储构件库等元素构成。应用软件的开发驱动基于软件系统的建模行为，开发云计算应用软件的过程大致如下：

系统建模可以应用与平台无关的模型。在建模的过程中，为了更加精确地描述软件系统，开发商应该根据用户的需求精化PIM。

PIM在不同的技术平台可以转换成不同的特定模型，并在此基础上形成独立的平台特定模型。

每个PIM模型在不同的模型转换方式下形成的代码都不同。开发系统最初的需求和分析以及最后的发布和测试都和传统的软件开发模式相同。云计算应用软件开发建立系统的P1M模型之后，云端提供构件支持、环境支持、工具支持，将PIM模型自动转换为一个或多个PSM模型，再生成代码，最终测试，发布系统。

开发云计算应用软件的模型主要分布在云计算环境的SaaS层和PaaS层。

PaaS层面给用户提供了使用平台的核心：软件业务化定制引擎。在整个开发平台中，主要的技术纽带是云环境下的交换总线和模型交换，并在SOA架构的基础上对外提供开放统一的API，其他模块也借助该技术纽带产生交互。在该层面中，各个模块的功能主要包括：①在SOA模型校验器的基础上，该层面对生成PSM模型和PIM模型的定义非常准确。模型校验器检查PIM模型和PIM模型交互主要依据用户定义或一组预定义的规则；②在云存储的变换定义仓库的基础上保存变换规则；③在云存储的模型仓库的基础上保存PSM模型和PIM模型；④变换工具以开放的风格组成一系列特定功能，比如，PIM变换成PSM的工具、PSM转换成代码的工具、PIM转换成代码的工具；⑤代码文件的作用，转换之后的代码可以看作模型，但是模型最终以文本文件的方式存放在系统中。文本文件是其他工具无法代替的格式，所以，理解模型的过程中，需要代码文件生成器和代码文件解析器的辅助。

因为各个模块的运行都在软件应用平台的云端，所以模块与模块之间的交互需要统一形式。此处主要采用的是SOA方式进行交互操作和通信。

SaaS层面可以为用户提供以下三种软件业务化定制接口：

在SOA基础上建立的模型编辑器，该接口可以为PIM提供模型编辑器，也可以创建和修改模型。

在SOA基础上建立的变换定义编辑器，PIM模型依据转换规则转换成PSM模型，当转换规则被定义之后，可以随平台环境的改变而改变，这就需要变换定义编辑器来对其进行创建和修改。

在SOA基础上建立的代码编辑器，将开发环境提供的常用功能交互。当PSM模型变成代码块之后，需要对代码进行编译和调试，因为不同代码的细节不同。

上述用户使用的接口都是基于SOA，因此，开发商应该着重考虑使用形式和技术细节，并合理规划开放用户的编辑器UI。

第二节　云平台用户服务功能开发与实现

一、云平台系统构建规划

（一）云平台的核心服务

随着云计算技术的高速发展，与之相关的概念也铺天盖地而来，云监控、云邮箱、云引擎、云搜索、云平台等一系列的产品也越来越赢得用户的青睐。"云计算应用服务具备优良的弹性与扩展性，但其开发则具备较高的难度和复杂性，要求开发者熟练掌握并运用各项云计算技术，搭建并维护网络化信息系统。"[①]云平台提供的核心服务包括：云服务器、云硬盘、云数据库（RDS）、云盘和云数据库MongoDB。

第一，云服务器。云服务器是一种弹性可伸缩的计算服务，可以帮助客户降低IT成本，提升运维效率，更专注于核心业务创新。

云服务器比物理服务器更简单高效。用户无须提前采购硬件设备，而是根据业务需要，随时创建所需数量的云服务器实例，并在使用过程中，随着业务的扩展，对云服务器的磁盘进行扩容，增加相应带宽。如果不再需要云服务器，用户也可以方便地释放资源，节省费用。

云服务器是一个虚拟的计算环境，它包含了CPU、内存、操作系统、磁盘、带宽等最基础的服务器组件，是提供给每个用户的操作实体。一个实例如同一台虚拟机，用户对所创建的实例拥有管理员权限，可以随时登录进行使用和管理，用户还可以在实例上进行基本操作，如挂载磁盘、创建快照、创建镜像、部署环境等。

第二，云硬盘。云硬盘是一种高可用、高可靠、低成本、可定制化的网络块设备，可以作为云服务器的独立可扩展硬盘使用。用户根据实际生产环境，可以灵活选择规格大小，弹性地创建、删除、挂载、卸载和扩容云硬盘。

云硬盘为云服务器提供低时延、持久性、高可靠的数据块级随机存储。块存储支持在

① 刘云浩，杨启凡，李振华.云计算应用服务开发环境：从代码逻辑到数据流图[J].中国科学（信息科学），2019，49（9）：1119-1137.

可用区内自动复制数据，防止意外硬件故障导致的数据不可用，保护用户的业务免于组件故障的威胁。像对待硬盘一样，用户可以对挂载到ECS实例上的块存储执行分区、创建文件系统等操作，并对数据进行持久化存储。

第三，云数据库（RDS）。云数据库是一种打开就可以使用、稳定性强、可弹性伸缩的在线数据库服务，具有多层次的安全保护措施和完善的性能监控体系，使用户能将更多精力集中在应用开发和业务发展上，而不需要再过多关心数据库备份、恢复及优化问题。

RDS提供Web界面进行配置、操作数据库实例，相对于用户自建数据库，RDS具有更经济、更专业、更高效、更可靠、简单易用等特点。

第四，云盘。云盘与U盘、硬盘类似，但是它是一种专业的互联网存储工具，是互联网云技术发展的产物，它通过互联网为企业和个人提供信息的存储、读取、下载等服务，具有安全稳定、海量存储的特点，并且拥有高级的世界各地的容灾备份。

用户可以把云盘看作一个放在网络上的硬盘或U盘，不管你身处何地，只要连接到因特网，你就可以管理、编辑云盘里的文件。不需要随身携带U盘，更不用担心丢失。

第五，云数据库MongoDB。云数据库MongoDB版本支持ReplicaSet和Sharding两种部署架构，具备安全审计、时间点备份等多项企业能力，在互联网、物联网、游戏、金融等领域被广泛应用。云数据库MongoDB有架构灵活、多变、安全自主、自主扩展、自动运维等特点。

（二）云平台的用户需求

对云平台基础知识有了一定的认知后，要开始规划一个云平台，更好地完成云平台的软件设计与开发，需要深入地挖掘用户需求，归纳分析平台的功能，并进行业务流程梳理。挖掘用户需求需要从三个方面入手：①是什么项目；②主要用户有哪些；③针对不同的用户群分析用户用这个系统的目的。

回答"是什么项目"，就可以明确"项目名称"；解决"主要用户是哪些"，就可以明确项目的"使用人群"；分析"针对不同的用户群分析用户用这个系统做什么"，就可以明确项目的"需求"。根据"项目名称""使用人群""需求"三者的交集，可以确定出项目的主要功能。

二、云平台用户服务功能的开发

（一）用户服务模块的需求分析

用户服务按照功能可被划分为用户登录、用户注册、找回密码、个人中心等模块。以下通过对每一个功能模块的介绍来进行用户服务需求分析：

第一，用户登录。用户登录业务流程包括：用户进入"登录"页面，输入账号（用户名或者邮箱地址）和密码，系统进行数据验证，如果账号和密码正确，页面就成功并跳转至云平台主页；如果账号和密码不匹配，则账号不存在，页面显示登录失败并弹出错误提示。

第二，用户注册。用户注册业务流程包括：用户进入"注册"页面，需要先输入用户名、邮箱地址、密码及确认密码，单击"注册"按钮，系统首先会对用户输入的信息进行验证，验证通过后，用户继续注册，注册成功，系统就发送信息给邮箱，并提示注册已成功，请前往邮箱进行激活；如果注册不成功，页面会提示用户注册失败信息。

第三，找回密码。当用户忘记密码时，可以通过邮箱地址找回密码。用户单击"找回密码"按钮，进入"找回密码"页面，输入注册时留下的邮箱地址，单击"找回密码"按钮，系统会给当前邮箱发送一封带有链接的邮件，用户登录邮箱，单击找回密码链接，打开"忘记密码"页面，输入新密码并保存，新密码设置成功。

第四，个人中心。用户登录成功之后，可以通过"我的资料"进入用户"个人中心"。"个人中心"除了展示用户账号、注册时间等基本信息之外，还提供"修改密码""修改邮箱"等操作。其中，"修改密码"主要是方便用户对密码进行修改，此操作流程非常简单，用户只需在"个人中心"单击"修改"密码按钮进入修改密码页面，将原密码和新密码输入，系统验证通过，密码即可修改成功。"修改邮箱"主要是方便用户修改邮箱信息，此操作流程非常简单，用户在"个人中心"单击"修改邮箱"按钮进入修改邮箱页面，输入新邮箱，系统验证通过，邮箱修改成功。

（二）用户服务模块的信息结构

系统信息结构图是结构化地表现系统所有频道、子频道、页面、模块和元素的一种示意图。信息结构图一般会包含如下内容：

第一，频道，某一个同性质的功能或内容的共同载体，也可被称作功能或内容的类别。

第二，子频道，频道下细分的内容。

第三，页面，单个页面或某频道下面的页面。

第四，模块，页面中由多个元素组成的一个区域内容，在页面中，同一性质的模块可以出现一次或者多次，甚至可以循环出现，如门户网站中的新闻列表。

第五，元素，页面或者模块中的具体元素的内容，如新闻列表中某条新闻呈现出来的信息有新闻标题、新闻发布人、发布时间、新闻摘要。

第六，操作反馈，操作系统所产生的交互动作，如在未登录之前用户想去评价他人的文章，系统会弹出提醒登录的页面。

三、云平台用户服务功能的实现

数据库设计是软件开发中必不可少的一部分，是整个软件应用的根基，也是软件开发的起点。没有设计好数据库可能会带来很多问题，轻至删减字段，重则系统无法运行。

（一）用户模块业务逻辑分析与设计

OpenStack的用户认证区别于其他的软件，它有自身的身份认证组件Keystone。要调用OpenStack的API，首先要进行身份验证获取令牌（Token）。云平台是对OpenStack的二次开发，在开发时要考虑Keystone组件身份认证的逻辑方法。用户模块规划了三个API，包括注册、登录、修改密码。

1.用户注册

用户注册云平台时，会请求OpenStack获取Token，并携带Token请求OpenStack创建用户的API。用户只需进入注册页面，提供不重复的用户名和较复杂的密码，单击"注册"按钮即可完成此操作。这时后台系统会根据输入的用户名和密码请求OpenStack进行验证返回响应，如果用户名、密码格式都正确，系统会返回"注册成功"的提示信息。

用户注册基本流程包括：①用户单击链接进入注册页面；②输入用户名、邮箱、密码，单击注册按钮，请求后台系统；③后台首先判断此用户名是否存在、邮箱是否存在，如果存在返回提示信息，用户名已存在或邮箱账号已存在，账号不存在时可以进行注册、进入下一请求；④获取Token构建请求参数，携带Token请求OpenStack创建用户的API，请求成功返回响应，失败则返回错误信息；⑤注册成功返回成功提示信息，后台系统会解析OpenStack，并返回响应获取Userid存入本地数据库User表，页面跳转至登录页面，注册失败则给出错误提示信息并返回注册页面。

2.用户登录

用户成功注册后就可以登录云平台了，操作包括：用户进入登录页面，提供用户名和密码，后台系统请求OpenStack对数据进行验证，如果用户名、密码正确就登录成功，页面跳转至云平台首页；如果用户名不存在或用户名、密码不匹配，页面就提示登录失败信息并返回登录页面。

用户登录基本流程包括：①用户进入登录页面；②用户输入用户名、密码，单击"登录"按钮请求后台系统；③系统对请求的数据进行验证，判断用户名是否为空，密码是否为空，并判断用户名是否存在以及密码是否正确；④经过上述判断，用户名、密码都正确则显示登录成功，OpenStack返回响应，之后解析响应获取登录用户信息包括用户名、密码、UserId、项目ID、Token信息；⑤认证成功后，系统根据数据验证结果，并返回相应页面，登录成功直接跳转至云平台首页，失败则给出错误提示信息，并返回登录页面。

3.用户修改密码

成功登录到云平台后，用户可以到个人中心请求修改密码，此操作主要是修改用户登录密码的操作，操作流程非常简单，用户只需进入修改密码页、输入原密码和新密码、请求后台系统、系统构建请求参数请求OpenStack API，待系统验证通过即可。

用户修改密码基本流程包括：①用户进入修改密码页面；②用户输入原密码、新密码，请求后台系统；③系统先判断原密码是否输入正确，如果输入失败则返回错误提示信息请求重新输入，输入成功后，进入下一请求页面；④构建请求参数请求OpenStack进行密码修改操作；⑤系统根据数据验证的结果返回响应提示信息，修改成功返回成功的提示信息，并更新Users然后跳转至登录页面；⑥修改失败，则返回错误提示信息。

（二）用户模块数据库的分析与设计

迄今为止，关系型数据库仍然是最常用的数据库，而最常用的关系型数据库有Oracle、SQLServer、DB2和MySQL等。鉴于MySQL具有开源、高效、可靠等特点，云平台系统普遍采用MySQL数据库。以下以用户模块为例，对用户模块的数据进行需求分析，并用逻辑结构和物理结构的形式对用户模块的数据库进行具体设计。

用户模块数据库需求分析中的用户模块包含两个实体，分别是User实体和Tenant实体。

第一，User实体。User实体等同于User表，User表用以存储注册用户信息。User实体包括的数据项有编号、用户名、密码、项目编号、域和注册时间。

第二，Tenant实体。OpenStack默认Tenant有admin、demo、service用户。在OpenStack中，只有管理员才能申请注册用户，我们需要admin的Tenantid以获取adminTokenId，携带adminTokenId调用注册用户的APLTenant表用来存储OpenStack中的租户信息。Tenant实体包括的数据项有编号、项目编号、名称、创建时间和过期时间。

（三）云平台的环境搭建工作

软件开发是"由简入繁"的过程，需要先勾勒一个简单的轮廓，再完善细节。云平台的开发也是如此，我们需要先完成基本的操作，比如，先完成云平台的环境搭建工作，然后再考虑实现具体模块的功能。

云平台采用SSM（Spring+SpringMVC+Mybatis）框架开发用户模块Service层和Controller层，相关人员在开发过程中也会编写新的Dao层接口以供调用。

SSM框架集由Spring、SpringMVC、Mybatis三个开源框架整合而成，是标准的MVC模式，是继SSH之后，目前比较主流的JavaEE企业级框架，适用于各种大型的企业级应用系统的搭建。

1.Spring简介

Spring是一个开源的、轻量级的Java开发框架，用于简化企业级应用程序的开发，Spring有轻量、控制反转、面向切面等特性。

（1）轻量：Spring的轻量体现在大小和开销两方面。完整的Spring框架可以在一个大小只有1MB多的jar文件中发布，Spring中需要的处理开销也非常小。此外，Spring是非侵入式的，如Spring应用中的对象不依赖Spring的特定类。

（2）容器：Spring包罗并管理应用对象的配置和生命周期，从这方面讲它是一个容器。由Spring容器管理的、组成应用程序的对象被称作Bean，Bean就是Spring容器初始化、装配及管理的对象，Spring容器相当于一个巨大的Bean工厂。

（3）控制反转（IoC）：指程序中对象的获取方式发生反转。它由最初的New方式创建，转变为由Spring创建，以降低耦合性。控制反转是通过依赖注入（DI）来实现的。

（4）面向切面编程（AOP）：AOP基于IoC，是对OOP（面向对象编程）的有益补充。AOP的本质是将共同处理逻辑和原有传统业务处理逻辑剥离并独立封装成组件，然后通过配置低耦合形式将其切入至原有的传统业务组件中。

（5）MVC：SpringMVC属于Spring的后续产品，其提供了构建Web应用程序的全功能MVC模块。在使用Spring进行Web开发时，相关人员可以选择使用SpringMVC框架或集成其他MVC的开发框架，如Struts1、Struts2等。

2.SpringMVC简介

SpringMVC是Spring实现的一个Web层，相当于Struts框架，但是比Struts更加灵活和强大。SpringMVC是典型的MVC结构，SpringMVC主要由前端控制器、处理器映射、后端控制器、模型和视图、视图解析器组成。

（1）DispatcherServlet是Spring提供的前端控制器，也是SpringMVC的中央调度器，所有的请求都通过它来统一分发。前端控制器将请求分发给处理器之前，需要借助Spring提供的处理器映射将请求定位到具体的处理器。

（2）处理器映射请求派发，前端控制器根据处理器映射来调用相应的处理器组件。

（3）后端控制器负责具体的请求处理流程，然后将模型和视图对象返回给前端控制器，模型和视图对象中包含了模型（Model）和视图（View），需要为并发用户处理请求，因此实现后端控制器接口时，必须保证线程安全并且可重用。

（4）模型和视图：封装了处理结果的数据和视图名称信息。

（5）视图解析器是视图显示处理器。

3.Mybatis简介

Mybatis是一个支持普通SQL、存储过程和高级映射的持久层框架，可封装JDBC技术，简化数据库操作代码。Mybatis使用简单的XML或注解进行配置和原始映射，将接口和Java的POJOs映射成数据库中的记录。

（四）OpenStackt相关数据封装

以下介绍云平台开发前的准备工作，包括对OpenStack相关数据进行封装以及数据库同步的问题。首先获取AdminToken，用于调用OpenStack API，如只有admin管理员权限才能注册用户，这样我们就需要获取AdminToken用以请求OpenStack创建用户的APL，为了提高查询效率，云平台中很多数据都是从本地数据库中请求得来的。

1.构建URL

API.properties里存储的内容为OpenStack各组件的端口号信息，因为OpenStack的组件有很多，HStack项目开发时需要获取端口号信息用于请求OpenStack，并把端口号信息写到配置文件中，然后通过Java代码的方式创建APIModel类和APIUtil工具类，用于获取API.properties文件中的API信息，根据获取的API信息构建URL请求OpenStack，调用OpenStack-API。还可以灵活地在配置文件中添加需要的组件信息。

其具体实现方式如下：

第一，在com.huatec.edu.cloud.huastack.utils包下新建一个APIModel类（文件名：API-Model.java），APIModel里存储OpenStack各组件的端口号信息，具体代码OpenStack主要组件包括：①Serverip：OpenStack服务器的IP地址；②TokenAPI：Token端口号信息；③Key-stoneAPI：Keystone身份认证组件端口号信息；④NovaAPI：Nova虚拟机实例组件端口号信息；⑤GlanceAPI：Glance镜像组件端口号信息；⑥NeutronAPI：Neutron网络组件端口信息；⑦CinderAPI：Cinder卷组件端口号信息。

第二，在com.huatec.edu.cloud.huastack.utils包下新建一个工具类APIUtil（文件名：APIUtil.java），APIUtil工具类用于获取每个组件的端口号信息。

第三，在com.huatec.edu.cloud.huastack.core.nova.test.param包下新建一个测试类TestTo-ken（文件名：TestToken.java），采用Junit进行单元测试。

2.获取Admin Token

（1）获取adminToken需要分为以下三个步骤：

第一：构建请求参数请求OpenStack，根据OpenStack返回响应解析获取令牌TokenId。

第二：携带第一步获取的令牌TokenId，请求OpenStack解析获取Tenantid。

第三：携带TenantId请求OpenStack，解析响应获取admin项目下的令牌TokenId，就是最终获取的adminToken.

（2）具体实现方式如下：

第一，构建请求参数。OpenStack请求示例为JSON格式，需要构建与OpenStack相同格式的JSON才可以正确请求OpenStack，OpenStack会返回响应参数，解析返回响应并获取admin Token。首先在com.huatec.edu.cloud.huastack.core.nova.model.param.token包下新建类Passwordcredentials、Auth1、ParamToken1用于构建请求参数。

在com.huatec.edu.cloud.huastack.core.nova.test.param包下新建一个测试类TestToken（文件名：TestToken.java），用于查看构建的请求参数是否正确。

第二，解析响应信息。在com.huatec.edu.cloud.huastack.utils包下创建ResponseUtil工具类，该工具类用于解析OpenStack，并返回响应信息，最终获取TokenId和Userid用于构建结果集Token1。

第三，创建UserUtil工具类获取Admin Token。在com.huatec.edu.cloud.huastack.utils包下新建一个工具类UserUtil（文件名：UserUtil.java）。在编写UserUtil.java之前先在com.huatec.edu.cloud.huastack.core.nova.model.response.token包下新建Token1，Token1用于封装获取第一层的token响应信息（文件名：Token1.java）。

第三节　云平台虚拟机服务功能开发与实现

一、云平台虚拟机服务功能的开发

（一）虚拟机服务功能的需求分析

相对于用户服务模块，虚拟机服务更为复杂，按照功能可被分为虚拟机实例、镜像、模板、网络、快照五大功能模块。

第一，申请虚拟机。要申请一个虚拟机实例，需要在"创建虚拟机实例"页面设置"实例名称"，同时用户还需要选择网络（Neutron组件提供）、镜像（Glance组件提供）、模板（Nova组件提供），即可向服务器申请一个虚拟机。

第二，虚拟机列表。

首先，虚拟机列表页面是虚拟机管理的主页面，其核心功能是加载虚拟机列表信息。

围绕这个功能，用户可以执行修改虚拟机状态、查询虚拟机详情、绑定外网IP、查看远程链接、创建虚拟机快照、修改虚拟机名称、删除虚拟机等操作。

其次，加载虚拟机列表。当用户单击导航中的"云服务器ECS"→"实例"时，服务器会查询出所有虚拟机并以集合的形式返回，然后浏览器将云服务器的相关信息以列表的形式展示给用户。

最后，修改虚拟机状态。通常，虚拟机有三种状态：运行中、暂停、关闭，可以通过"开启""暂停""恢复""关闭"按钮对虚拟机进行状态设置。

第三，绑定外网IP。绑定外网IP的业务流程较为简单。为虚拟机动态分配一个外网IP，分配成功后，用户可以使用SSH管理工具（如Xshell）通过外网IP访问该虚拟机。

第四，查看远程链接。远程链接就是云平台服务器端为虚拟机分配的一个远程链接地址，用户在浏览器中输入该地址，即可访问该虚拟机。其业务流程也较为简单。

第五，创建虚拟机快照。为虚拟机创建快照，可以保留某个时间点上的虚拟机状态，用户可以用此虚拟机快照创建其他的实例。创建虚拟机快照的过程如下：用户在"虚拟机实例列表"中单击"创建快照"按钮，云平台就会为该虚拟机创建快照，用户在"快照"中可以查看快照列表信息。

（二）虚拟机服务功能的原型设计

虚拟机服务模块信息结构分析完成后，我们要明确虚拟机模块的页面，下面用站点对页面的层次关系进行梳理。

第一，申请虚拟机实例。申请虚拟机页面，需要具有"实例名称""文本框""选择网络"下拉菜单、"选择模板"下拉菜单、"选择镜像"下拉菜单、"申请"按钮等元素。

第二，虚拟机列表。虚拟机列表包含"新增实例"按钮，单击该按钮，页面可以跳转到申请虚拟机实例页面。

同时，用户可以根据关键字筛选虚拟机，然后"搜索条件"文本框。

用户加载虚拟机列表，服务器端返回虚拟机列表的数据，这些列表显示了虚拟机的"序号""名称""状态""内网IP"、所选的模板"配置"以及显示虚拟机用户名和密码信息的"备注"。同时，用户还可以通过"状态操作"里的"开启""关闭""暂停""恢复"4个按钮改变虚拟机的"状态"。其具体操作：设计一个"操作"组，单击"编辑"按钮，弹出"编辑实例"对话框。

单击"删除"按钮，可以删除该虚拟机，单击"详情"按钮，即可查看虚拟机的详细信息，这些信息包含"服务详情""模板详情""镜像详情""网络详情""快照详情""挂载的卷"等内容。

二、云平台虚拟机服务功能的实现

对于软件开发而言，需求分析是基础和前提条件，也是软件开发能否顺利进行的关键因素之一。如果开发前没有做好需求分析，就很可能在开发过程中因逻辑混乱而"止步不前"。所谓"需求分析"，是指对要解决的问题详细地分析，包括需要输入什么数据、要得到什么结果、最后应输出什么。

（一）虚拟机模块业务的逻辑分析与设计

虚拟机模块为云平台的核心模块，那什么是虚拟机呢？虚拟机是用软件模拟出来的、完整的计算机系统，它具有完整的硬件系统功能，并且运行在一个完全隔离环境中。通过虚拟机软件，用户可以在一台物理计算机上模拟出一台或多台虚拟的计算机，这些虚拟机可以像真正的计算机那样进行工作，例如：用户可以安装操作系统、安装应用程序、访问网络资源等。对于用户而言，它只是运行在用户物理计算机上的一个应用程序，但对于虚拟机中运行的应用程序而言，它就是一台真正的计算机。因此，虚拟机进行软件评测时，可能会造成系统的崩溃，但是，崩溃的只是虚拟机上的操作系统，而不是物理计算机上的操作系统。用户使用虚拟机的恢复功能，可以马上恢复虚拟机到安装软件之前的状态。

虚拟机模块规划了六个API，包括创建虚拟机、删除虚拟机、暂停、恢复虚拟机，关闭、开启虚拟机、绑定浮动IP、创建虚拟机快照。

虚拟机业务逻辑分析主要包括以下内容：

1.创建虚拟机

用户成功登录到云平台后，可以在云服务器模块中创建虚拟机。用户在创建虚拟机页面输入请求参数，系统会对OpenStack发出请求，请求成功后，返回成功提示信息，创建虚拟机成功；失败则返回错误提示信息。

创建虚拟机流程包括：①用户进入创建虚拟机页面；②用户输入请求参数虚拟机名称、用户编号、镜像编号、模板编号、网络编号、令牌Token；③后台系统根据请求，先验证创建虚拟机的用户是否存在，判断虚拟机名称是否重复，验证成功进入下一请求，失败则返回错误提示信息；④构建请求参数请求OpenStaek，请求成功返回响应信息，失败则返回错误提示信息；⑤解析请求成功后返回的响应信息将保存到本地数据库；⑥创建虚拟机成功，显示创建完成虚拟机，失败则会返回错误提示信息。

2.删除虚拟机

前端发出删除虚拟机的请求，系统首先判断虚拟机是否存在，构建请求参数请求OpenStack删除虚拟机，删除成功后返回成功提示信息，失败则提示错误信息。

删除虚拟机流程包括：①前端发出删除虚拟机的请求；②系统会根据发送的请求，判断此虚拟机是否存在，不存在返回错误提示信息，存在执行下一步操作；③请求OpenStack API删除虚拟机，删除本地数据库；④删除成功后返回成功信息，失败则给出错误提示信息。

3.暂停、恢复虚拟机

OpenStack提供了可以对虚拟机进行一系列操作动作的API，包括暂停、恢复虚拟机，开启、关闭虚拟机。

暂停虚拟机基本流程包括：①前端发出暂停虚拟机请求；②系统根据前台发出的请求先判断此虚拟机是否存在，如存在执行下一步操作，不存在则返回错误提示信息；③构建请求参数，请求OpenStack暂停虚拟机的API；④请求成功后返回成功信息，如果请求失败则返回错误提示信息。

恢复虚拟机接班流程包括：①前端发出恢复虚拟机请求；②系统根据前端发出的请求先判断此虚拟机是否存在，如存在执行下一步操作，如不存在则返回错误提示信息；③构建请求参数，请求OpenStack恢复虚拟机API；④OpenStack请求成功后返回成功信息，请求失败则返回错误提示信息。

4.绑定浮动IP

OpenStack的固定IP和浮动IP都为随机分配。不同的是，在创建完虚拟机后固定IP为系统直接分配，而浮动IP则需要手动绑定。

虚拟机绑定浮动IP流程包括：①前端页面发出绑定浮动IP请求；②系统根据前端发出请求先判断虚拟机是否存在，查询固定IP是否非空，若固定IP为空则不能绑定浮动IP，判断完固定IP非空后，再根据请求判断是否绑定过浮动IP，浮动IP不可重复绑定；③构建请求参数，请求OpenStack绑定浮动IP的API；④请求成功将浮动IP信息保存到本地数据库，更新本地数据库中虚拟机的信息，失败则返回错误提示信息。

浮动IP是一些可以从外部访问的IP列表，通常是从ISP（互联网服务提供商）里买来的。浮动IP缺省不会自动赋予示例，用户需手动地从地址池里抓取，然后赋予实例，一旦被用户抓取，他就变成这个IP的所有者，可以随意赋予自己拥有的其他实例，如果实例死掉，用户也不会失去这个浮动IP，可以随时赋予其他实例。而对于固定IP来说，实例启动后获得的IP也是自动的，不能指定某一个，因此当一个VM宕机时，重新启动也许固定IP就换了一个。系统管理员可以配置多个浮动IP池，这个IP池不能指定租户，每个用户都可以去抓取。多浮动IP池是为了考虑不同的ISP服务提供商，避免某一个ISP出故障带来麻烦。

而对于固定IP来说，实例启动后获得的IP也是自动的，不能指定某一个。因此，当一个VM宕机时，重新启动也许固定IP就换了一个。

5.创建虚拟机快照

OpenStack 提供了创建虚拟机快照的接口，创建虚拟机快照主要是对虚拟机进行备份。

创建虚拟机快照流程包括：①前端发出请求，请求创建虚拟机快照；②系统会根据请求先判断是否存在此虚拟机，验证快照名称不能够为空，检查快照名称是否已存在，通过验证请求后执行下一步操作，如果错误则返回错误提示信息；③构建请求参数，请求OpenStack，将快照信息存入本地数据库；④请求成功后返回成功提示信息，请求失败则返回错误提示信息。

（二）虚拟机模块数据库的分析与设计

（1）虚拟机hs_server实体。虚拟机hs_server实体包含的数据项有主机编号、主机名称、用户编号、项目编号、配置、虚拟机状态、内网IP、外网IP、备注、创建时间。hs_server表用于存储创建的虚拟机信息。

（2）虚拟机hs_serve_create实体。虚拟机hs_server_create实体包含的数据项有编号、主机编号、镜像编号、网络编号、模板编号、创建时间。hs_server_create表用于保存创建的虚拟机信息。

（3）镜像hs_image实体。镜像hs_image实体包含的数据项有镜像编号、镜像名称、状态、创建时间、镜像大小、磁盘格式、镜像拥有者，都是用于保存镜像信息，要与Open-Stack数据库进行同步。

（4）模板hs_flavor实体。模板hs_flavor实体包含的数据项有模板编号、模板名称、内存、磁盘、vcpu数量、创建时间。hs_flavor表用于保存网络信息，要与OpenStack数据库进行同步。

（5）模板hs_network实体。模板hs_network实体包含的数据项有网络编号、网络名称、状态、创建时间、类型。hs_network表用于保存网络信息，要与OpenStack数据库进行同步。

（6）浮动IP实体hs_floating_IP。浮动IP实体hs_floating_IP包含的数据项有编号、浮动IP、固定IP、项目ID、创建时间。hs_floating_IP表用于保存绑定浮动IP的信息。

（7）端点hs_port实体。端点hs_port实体保存的信息有虚拟机固定IP、网络ID和对应的端口号信息，绑定浮动IP时会查询端口编号信息用于构建请求参数，建hs_port表用于同步OpenStack数据库表中的信息。

端点hs_port实体包含的数据项有端口编号、固定IP、网络ID、创建时间。

第七章 云计算系统的创新应用研究

进入21世纪以来，互联网呈现出突飞猛进的发展势态。而云计算作为互联网在迅猛发展过程中所催生的概念，如今能够拥有极其广泛的应用。本章探究开源云计算系统的应用分析、云计算数据中心的创新应用。

第一节 开源云计算系统的应用分析

开源云计算被人们认为是IT的趋势，全球已经有成百家大公司推出了各自的云计算系统。为了实现商业云系统能够为普通的个人用户所用，出现了各种基于Java和Erlang的开源系统，以此对应实现商业云系统功能。下面以开源云计算系统Hadoop、开源云计算软件Eucalyptus以及开源虚拟化云计算平台OpenStack为例，分析开源云计算系统的应用。

一、开源云计算系统

以Hadoop为例，Hadoop已被众多大型软件提供商采用。且在处理大数据上，Hadoop已经成为事实上的标准。

（一）Hadoop的发行版本解读

作为开源分布式计算平台，Hadoop完全依托于Apache软件基金会，以HDFS和MapReduce分布式文件系统为平台中枢，主要经营系统底层细节透明的分布式基础架构业务。用户充分利用HDFS所具有的容错性强、伸缩性强等优势，在价格较低的硬件上嵌入Hadoop，建立分布式系统。在不清楚分布式系统底层细节的情况下，用户最好选择MapReduce分布式编程模型开发应用程序。利用以上程序、模型和计算机集群处理保存能力，用户可以便捷获取网络资源，甚至可以构建属于自己的分布式计算平台，同时还可以梳理并保存获取大量资源数据。

Apache Hadoop2.X版由多种模块系统嵌合而成，主要包括：

①Hadoop通用模块，为其他Hadoop模块提供支持的通用工具集；

②Hadoop分布式文件系统（HDPS），为应用数据高吞吐量访问提供基础支撑的分布式文件系统；

③HadoopYARN，作业调度和集群资源管理的使用框架；

④Hadoop MapReduce，以YARN为基础的大数据并行整理系统。

以Apache Hadoop计算平台为基础，Hadoop不仅具有现行的社区版本，还研发出多种厂商发行版本。比较受欢迎的发行版本有以下几个：

（1）Cloudera：发行最为成功的版本，能够支持部署、管理和监控工具，功能强大，且运用案例丰富。具有实时处理大数据功能的Impala项目也源于Cloudera。

（2）Hortonworks：唯一一家不用任何私有（非开源）修改的、使用100%开源Apache Hadoop的提供商。Hortonworks是首家运用Apache HCatalog元数据服务特性的提供商，其开发的Stinger前所未有地优化了Hive项目。

（3）MapR：它采用与同行不一样的概念，支持本地UNIX文件系统，用本地UNIX命令来取代Hadoop命令，从而具有了与众不同的功能优势，其中易用性尤为突出。

除此之外，快照、镜像或有状态的阻碍消除之类强大的可用性特性皆属于MapR。它是MapR与其他竞争企业最大的不同之处，是参与行业竞争的巨大优势。ApacheDrill项目也是由MapR主导研发。Google的Dremel的开源项目通过ApacheDrill项目得以重新实现，在Hadoop数据上执行类似SQL的查询，提供实时处理是其根本目标。

（4）Amazon Elastic Map Reduce（AEMR）：这是一个托管的解决方案，其运行在由Amazon Elastic Compute Cloud（AmazonEC2）和Amazon Simple Strorage Service（Amazon S3）组成的网络规模基础设施之上。除了Amazon的发行版本之外，也可以在EMR上使用MapR。临时集群是主要的使用情形。如果用户需要一次性地或不常见地处理大数据，EMR可能会为用户节省费用。然而也存在不利之处。其只包含了Hadoop生态系统中Pig和Hive项目，在默认情况下不包含其他很多项目。EMR是高度优化成与S3中的数据一起工作的，这种方式有较高的延时，并且不时定位于用户计算节点上的数据。所以，处TEMK上的文件10相比于用户自己的Hadocp集群，或用户的私有EC2集群来说会慢很多，并有更大的延时。

如今，Hadoop已被公认为目前最流行的大数据处理平台，未来Hadoop必将会随着大数据的深入人心而获得更大的发展空间。

（二）Hadoop的生态系统

Hadoop是一个能够对大量数据进行分布式处理的软件框架，具有可靠、高效、可伸缩的特点。Hadoop的核心是HDFS和MapReduce，在Hadoop2.X中还包括YARN。

Hadoop2.X的生态系统主要包括以下内容：

（1）基于Hadoop的数据仓库：用于Hadoop的一个数据仓库系统，它提供了类似于SQL的查询语言，通过使用该语言可以方便地进行数据汇总、特定查询以及分析存放在Hadoop兼容文件系统中的大数据。

（2）分布式列存数据库：一种分布的、可伸缩的、大数据存储库，支持随机、实时读/写访问。

（3）基于Hadoop的数据流系统：分析大数据集的一个平台，该平台由一种表达数据分析程序的高级语言和对这些程序进行评估的基础设施一起组成。

（4）数据同步工具：为高效传输批量数据而设计的一种工具，用于Apache Hadoop和结构化数据存储库（如关系型数据库）之间的数据传输。

（5）日志收集工具：一种分布式的、可靠的、可用的服务，用于高效搜集、汇总、移动大量日志数据。

（6）分布式协作服务：一种集中服务，用于维护配置信息、命名、提供分布式同步以及提供分组服务。

（7）数据挖掘算法库：一种基于Hadoop的机器学习和数据挖掘的分布式计算框架算法集，实现了多种MapReduce模式的数据挖掘算法。

（8）Spark：一个开源数据分析集群计算框架，用于构建大规模、低延时的数据分析应用。

（9）Storm：一个分布式的、容错的实时计算系统，属于流处理平台，多用于实时计算并更新数据库。Slonn也可以用于"连续计算"，对数据流做连续查询，在计算时就将结果以流的形式输出给用户。它还可以用于分布式远程过程调用，以并行的方式运行大型的运算。

（10）Shark：即Hiveon Spark，一个专门为Spark打造的大规模数据仓库系统，兼容ApacheHive。无须修改现有的数据或者查询，就可以用100倍的速度执行HiwQL。Shark支持Hive查询语言、元存储，序列化格式及自定义函数，与现有Hive部署无缝集成，是一个更快、更强大的替代方案。

（11）Phoenix：一个构建在Apache HBase之上的SQL中间层，完全使用Java编写，提供了一个客户端可嵌入的JDBC驱动。Phoenix查询引擎会将SQL查询转换为一个或多个HbaseScan，并编排执行以生成标准的JDBC结果集。

（12）Tez：一个基于HadoopYARN之上的有向无环图计算框架。它把MapReduce过程拆分为若干个子过程，同时可以把多个MapReduce任务组合成一个较大的DAG任务，减少rMapReduce之间的文件存储。同时合理组合其子过程，减少任务的运行时间。

（13）Ambari：一个供应、管理和监视Apache Hadoop集群的开源框架，它提供了一个直观的操作工具和一个健壮的HadoopAPI，可以隐藏复杂的Hadoop操作，使集群操作大大简化。

（14）另一种资源协调者：是一种新的Hadoop资源管理器，它是一个通用资源管理系统，可为上层应用提供统一的资源管理和调度。它的引入为集群在利用率、资源统一管理和数据共享等方面带来了巨大好处。

（三）Hadoop分布式计算框架

MapReduce是一种简化的分布式编程模型和高效的任务调度模型，用于大规模数据集（大于1TB）的并行计算。MapReduce的出现降低了并行应用开发的入门门槛，隐藏了并行化、容错、数据分布、负载均衡等复杂的分布式处理细节，使得开发人员可以专注于程序逻辑的编写。MapReduce使并行计算得以广泛应用，是云计算的一项重要技术。

MapReduce提供了泛函编程的一个简化版本，与传统编程模型中函数参数只能代表明确的一个数或数的集合不同，泛函编程模型中函数参数能够代表一个函数，这使得泛函编程模型的表达能力和抽象能力更高。在MapReduce模型中，输入数据和输出结果都被视作有一系列（key，value）对组成的集合，对数据的处理过程就是Map和Reduce过程。

二、开源云计算软件

Eucalyptus，不但是AmazonEC2的开源实现，还是面向研究社区的软件框架。Eucalyptus与EC2的商业服务接口实现兼容。Eucalyptus与其他的IaaS云计算系统不一样。已有的常用资源都可以作为Eucalyptus系统部署的基础。Eucalyptus是由各种可以升级和更换的模块组合而成。计算机研究工作者借助可更新、升级的云计算研究平台，实现更多研究目标。现如今Eucalyptus系统可以下载并安装运用于集群和多种个人计算环境。随着研究的日益深入，人们对Eucalyptus的关注必定越来越高。

作为一种开源的软件基础结构，Euwlyplus是通过计算集群或工作站群达成弹性实用目标的云计算。其主要功能是为云计算研究和基础设施的开发提供专业支撑。Euwlyplus与Google、Amazon、Salesforce、3Tera等云计算提供商不同，其以基础设施即服务（IaaS）的思想为基础，采用可以适用于学术研究工作的计算和存储基础设施，比如集群和工作站。Euwlyplus构建了一个模块化、开放性的研究和试验平台。学术研究组织和研究人员或用户通过此平台，获得了运行和管控嵌入在各种虚拟物力资源上的虚拟机实例的能力。Eucalyptus的设计具有非常突出的模块化特色，可以为研究者提供各种针对云计算的安全性、可扩展性、资源调度及接口实现的测试服务，以此为各种研究组织开展云计算的研究探索提供便利。

在四大开源IaaS平台中，Eucalyplus一直与AWS的IaaS平台保持高度兼容而与众不同。

从诞生开始，Eucalyptus就专注于和AWS的高度兼容性，瞄准AWSHybrid这个市场。Euca-lyptus也是AWS承认的唯一与AWS高度兼容的私有云和混合云平台。目前，Eucalyptus的很多用户或者商业化用户也是AWS用户，他们使用Eucalyptus来构建混合云平台。

（一）Eucalyptus的优势

企业数据中心及基础硬件水平对Eucalyptus的限制较小，Eucalyptus通常会运用混合云和私有云来满足没有特殊硬件要求的需求。用户通过Eucalyptus软件系统以现行的IT基础架构为基础，充分运用Unix和Web Services技术，可以轻松、便利地建立满足他们应用需要的云计算。与此同时，Eucalyptus支持普遍应用的AWS云接口（AmazonWeb Services），使得私有云和公共云凭借通用编程接口实现信息数据交流互动。云环境保存和网络的安全虚拟化在虚拟机技术飞速进步的带动下已经得以实现。

服务器、网络及保存经由Eucalyptus系统实现安全虚拟化，使功能使用成本减少，维护管理方便性加强，增加用户自助服务。

不同类型的用户，比如管理工作者、研发工作者、托管用户等登录Eucalyptus系统都会拥有对应的使用界面。服务供应商借助虚拟化技术获得了以消费定价形式为基石的运作经营平台。

集群的可靠性、模板化和自助化水平在VM和云快照两大功能的加持下有了显著提高。至此，云的使用更加简单易懂，不但节省了用户的操作学习时间，还缩短了项目时限。

Eucalyptus充分发挥现代虚拟化技术功能，兼容以Linux为基础的操作系统和多种管理程序。

管理者和用户基于便捷的集群、可用性区管理权力，可以根据具体项目、不同客户的实际要求，构建相匹配的逻辑服务器、储存和网络系统。

Eucalyptus的架构中枢仍然秉持源代码开放原则，尽力汲取国际开发社区的智慧经验。

公共云兼容接口项目是Eucalyptus的独一无二的竞争优势。虽然公共云兼容接口项目至今仍处于快速发展阶段，但是它将带来的革新不容小觑。在不久的未来，用户将私有云接入公共云兼容接口，连接公共云实现信息数据交互。公共—私有混合云模式将由此诞生。

（二）Eucalyptus的AWS兼容性

（1）广泛AWS服务支持。除了EC2服务以外，Eucalyptus提供AWS主流的服务，包括S3、EBS、IAM、Auto Scaling Group、ELB、Cloud Watch等，而且Eucalyptus在未来的版本里，还会增减更多的AWS服务。

（2）高度APT兼容。在Euealyptus提供的服务里，其API和AWS服务API完全兼容，Eucalyptus的所有用户服务（管理服务除外）都没有自己的SDK，Eucalyptus用户以使用AWSCLJ或者AWSSDK来访问Eucalyptus的服务。Eucalyptus提供的euca2ool工具可以同时管理访问Eucalyptus和AWS的资源。

（3）应用迁移。在Euealyptus和AWS之间可非常容易地进行应用的迁移，Eucalyptus的虚拟机镜像KMI和AWS的AMI的转换非常容易。

（4）应用设计工具和生态系统。运行在AWS的工具或者生态系统完全可以在Eucalyptus上使用。

（三）Eucalyptus的体系结构

可扩展性和非侵入性是Eucalyptus的主要设计主旨。简单的架构模式和模块化设计方式为Eucalyptus的扩展提供了便利。同时，Eucalyptus采用开源的Web服务技术，其内在组织一望而知。数个Web服务构成Eucalyptus的结构组件。WS-Security策略应用于Eucalyptus保证通信安全。比如Axis2.Apache和Rampart等达到行业标准的软件包也是Eucalyptus的重要组成部分。Eucalyptus设计的第二个目的，即非侵入或覆盖部署，也依靠以上技术才能得以实现。

在不更改基本基础设施的前提下安装和运行Eucalyptus，用户只需要确保使用Eucalyptus的节点通过Xen兼容虚拟化执行和部署Web服务即可，对其他已有设备和本地软件配置都不做特殊要求，无需更换和更改。

（四）Eucalyptus的组件

Eucalyptus包括云控制器、持续性数据存储、集群控制器、存储控制器、节点控制器。它们能相互协作共同提供所需的云服务。这些组件使用具有WS-Security的SOAP消息传递安全地相互通信。

（1）云控制器。在Eucalyptus云内，这是主要的控制器组件，负责管理整个系统，它是所有用户和管理员进入Eucalyptus云的主要入口。所有客户机由云控制器负责将请求传递给正确的组件，收集它们并将来自这些组件的响应发送回该客户机。这是Eucalyptus云的对外"窗口"。

（2）持续性数据存储。持续性数据存储是一个与Amazon S3类似的存储服务。这个控制器组件管理对Eucalyptus内的存储服务的访问。请求通过基于SOAP或REST的接口传递至持续性数据存储。

（3）集群控制器。Eucalyptus内的这个控制器组件负责管理整个虚拟实例网络。请求通过基于SOAP或REST的接口被送至集群控制器。

集群控制器维护有关运行在系统内的NodeController的全部信息，并负责控制这些实例的生命周期。它将开启虚拟实例的请求路由到具有可用资源的Node Controller。

（4）存储控制器。Eucalyptus内的这个存储服务实现Amazon的S3接口。存储控制器与持续性数据存储联合工作，用于存储和访问虚拟机映像、内核映像、RAM磁盘映像和用户数据。其中，VM映像可以是公共的，也可以是私有的，最初以压缩和加密的格式存储。这些映像只有在某个节点需要启动一个新的实例，并请求访问此映像时才会被解密。

（5）节点控制器。它控制主机操作系统及相应的Hypervisor，必须在托管了实际的虚拟实例的每个机器上运行NC的一个实例。

（五）Eucalyptus的配置

通过各类组件，Eucalyptus可以配置多种基础设施功能和多种拓扑结构。Eucalyptus云，可以把各种不同技术统一在一个平台之中。一个或数个集群的资源都可以交由一个Eucalyptus云整合、管控。一个LAN上接入的一组设备可以成为一个集群。一个或数个NC实例皆可属于一个集群。虚拟实例的实例化和终止由实例负责管理。

两种机器是单一集群安装不可缺少的，即掌控集群控制器、储存控制器与云控制器运作的机器和管理节点运行控制器的机器。以测试或快速配置为目的的系统组建通常会采用此种配置。假如机器设备质量很高且功率强大，就可以掌控所有东西，简化系统操作程序。

在安装数个集群时，每个组件可以对应一台机器。此种做法是配置Eucalyptus云来解决重大问题的最佳选择。在安装过程中，最大限度提高机器与集群上运行的控制器类型的匹配度，可以大幅增强多集群性能。集群的概念与Amazon EC2内的可用性区域的概念类似，资源的管理、储存合理分散于多个可用性区域，即使一个区域出现问题，整体系统也不会受到波及。

三、开源虚拟化云计算平台

Python是OpenStack的开发语言。OpenStack的项目源代码通过Apache许可证发布。为虚拟计算或储存服务的云提供操作平台或工具集，并协助其管理运行，为公有云、私有云及大云、小云提供可拓展、灵便的云计算服务是OpenStack的主旨。它可以是一个社区、一个项目，也可以是一个开源程序。

构建一种拓展性强、弹性大的云计算模式服务于大型公有云和小型私有云，进一步提高云计算的操作简易性和架构扩展性，是OpenStack的时代使命。在云计算软硬件结构中，OpenStack的主要作用类似于一个操作系统。它可以聚合、整理底层每项硬件资源，建立Web界面控制面板为系统管理员进行资源管理提供便利，组建统一管理接口方便开发者接入应用程序，提供完备易用的云计算方式服务于终端用户。

（一）OpenStack的资源类型

OpenStack作为IaaS层的云操作系统，主要管理计算、网络和存储三大类资源。

（1）计算资源管理。由于OpenStack具有虚拟机的经营管理权限，企业或服务提供商可以按照需求向其提供计算资源。凭借API，研发人员可以访问计算资源，筹建云应用。管理人员和用户可以借助Web访问计算机资源。

（2）储存资源管理。云服务或云应用可以从OpenStack获取服务对象和块存储资源。目前部分系统受功能和价格限制，无法满足传统企业级储存技术诉求。依据用户需求，OpenStack能够提供对应的配置对象或块储存服务。

（3）网络资源管理。当前数据中心具有服务器、网络设备、存储设备、安全设备等大量设备及众多虚拟设备或虚拟网络，使IP地址、路由配置、安全规则等数量激增。OpenStack具有的插件式、可扩展、API驱动型网络及IP管理功能很好地解决了以上难题。

（二）OpenStack的核心组件

（1）计算服务Nova。Nova是OpenStack云计算架构控制器，OpenStack云内实例的生命周期所需的所有活动由Nova处理。Nova作为管理平台管理着OpenStack云里的计算资源、网络、授权和扩展需求。但是，Nova不能提供本身的虚拟化功能，相反，它使用Libvirt的API来支持虚拟机管理程序交互。Nova通过Web服务接口开放所有功能并兼容亚马逊Web服务的EC2接口。

（2）对象存储服务Swift。Swift为OpenStack提供了分布式的、最终一致的虚拟对象存储。通过分布式地穿过节点，Swift有能力存储数十亿的对象，并具有内置冗余、容错管理、存档、流媒体的功能。Swift是高度扩展的，不论大小（多个PB级别）和能力（对象的数M）。

（3）镜像服务Glance。Glance提供了一个虚拟磁盘镜像的目录和存储仓库，可以提供对虚拟机镜像的存储和检索。这些磁盘镜像常常广泛应用于组件中。虽然这种服务在技术上是属于可选的，但任何规模的云都可能对该服务有需求。

（4）身份认证服务Keystone。它为OpenStack上所有服务提供身份验证和授权。它还提供了在特定OpenStack云服务上运行服务的一个目录。

（5）网络服务Neutron。Neutron的发展经历了Nova→Nelwork→Quantum→Neutron这三个阶段，从最初的只提供IP地址管理、网络管理和安全管理功能发展到现在可以提供多租户隔离、多2层代理支持、3层转发、负载均衡、隧道支持等功能。Neutron提供了一个灵活的框架，通过配置，无论是开源还是商业软件都可以被用来实现这些功能。

（6）块存储服务Cinder。Cinder为虚拟化的客户机提供持久化的块存储服务。该组件项目的很多代码最初是自Nova。Cinder是Folsom版本OpenStack中加入的一个全新的项目。

（7）控制面板Horizon。Horizon为OpenStack的所有服务提供一个模块化的基于Web的用户界面。使用这个Wed图形界面，可以完成云计算平台上的大多数操作，如启动客户机、分配IP地址、设置访问控制权限等。

（8）计量服务Ceilometer。Ceilometer用于对用户实际使用资源进行比较细粒度的度量，可以为计费系统提供非常详细的资源监控数据（包括CPU、内存、网络、磁盘等）。

（9）编排服务Heat。Hea使用Amazon的AWS云格式模板来编排和描述OpenStack中的各种资源（包括客户机、动态1P、存储卷等），它提供了一套OpenStack故有的RESTful的API，以及一套与AWSCloudFormalion兼容的查询API。

（10）Hadoop集群服务Sahara。Sahara是基于OpenStack提供快速部署和管理Hadoop集群的工具，随着版本的演进，如今Sahara已经可以提供分析及服务层面的大数据业务应用能力（EDP），并且突破了单一的Hadoop部署工具范畴，可以独立部署Spark.Storm集群，以更加便捷地处理流数据。

（11）裸金属服务Ironic。Open Stack Ironic就是一个进行裸机部署安装的项目。裸机，是指没有配置操作系统的计算机，从裸机到应用需要进行的操作包括：硬盘RAID、分区和格式化；安装操作系统、驱动程序；安装应用程序。Ironic实现的功能，就是可以很方便地对指定的一台或多台裸机执行一系列的操作。

（12）数据库服务Trove。Trove是OpenStack数据服务组件，允许用户对关系型数据库进行管理，实现MySQL实例的异步复制和提供PosIgreSQL数据库的实例。

（三）OpenStack的核心开源项目

1.计算服务Nova

Nova是OpenStack最早的两块模块之一，另一个是对象存储Swift。作为OpenSlack云中的计算组织控制器，Neva处理OpenStack云中实例（Instances）生命周期的所有活动。这样使得Nova成为一个负责管理计算资源、网络、认证、所需可扩展性的平台。但是，Nnva并不具备虚拟化能力，相反它使用LibvinAPI与被支持的Hypervisors交互。Nova通过一个与AmazonWeb Services（AWS）EC2API兼容的Web ServicesAPI来对外提供服务。

（1）Nova主要组件。Nova在组成架构上是由Nova-Api、Nova-Sheduler、Nova-Compult等一些关键组件构成，这些组件各司其职。

1）API Server（Nova-API）。API Server对外提供一个与云基础设施交互的接口，也是外部可用于管理基础设施的唯一组件。管理使用EC2API，通过Web Services调用实现。然后APISen-er通过消息队列轮流与云基础设施的相关组件通信。作为EC2API的另外一种选择，OpenStack也提供一个内部使用的OpenStackAPI。

2）Message Queue（RabbitMQServer）。Opensatack节点之间通过消息队列使用，高级消息队列协议完成通信。Nova通过异步调用请求响应，使用回调函数在收到响应时触发。因为使用了异步通信，不会有用户长时间卡在等待状态。这是有效的，因为许多API调用预期的行为都非常耗时，如加载一个实例，或者上传一个镜像。

3）Compute Worker（Nova-Compute）。Compute Worker 处理管理实例生命周期，通过Message Queue 接收实例生命周期管理的请求，并承担操作工作。一个典型生产环境的云部署中有一些 Compute Worker，一个实例部署在哪个可用的 ComputeWorke 上取决于调度算法。

4）NetworkConlroller（Nova-Nelwork）。Network Conlroller处理主机地网络配置，它包括IP地址分配、为项目配置VLAN、实现安全组、配置计算节点网络。

5）VolumeWorkers（Nova-Volinne）。Volume Workers用来管理基于LVM（LogicalVolume Manager）的实例卷、Volume Workers卷的相关功能。卷为实例提供一个持久化存储，因为根分区是非持久化的，当实例终止时对它所作的任何改变都会丢失。当一个卷从实例分离或者实例终止（这个卷附加在该终止的实例上）时，这个卷保留着存储在其上的数据。当把这个卷附加载相同实例或者附加到不同实例上时，这些数据依旧能被访问。

一个实例的重要数据几乎总是要写在卷上，这样可以确保能在以后访问。这个对存储的典型应用需要数据库等服务的支持。

6）Scheduler（Nova-Sfheduler）。调度器Scheduler把Nova-API调用映射为OpenStack组件。调度器以名为Nova-Schedule的守护进程运行，通过恰当的调度算法从可用资源地获得一个计算服务。Scheduler根据诸如负载、内存、可用域的物理距离、CPI构架等作出调度决定。Nova-Scheduler实现了一个可插入式的结构。

当前Nova-Scheduler实现了一些基本的调度算法：①随机算法：计算主机在所有可用域内随机选择；②可用域算法：跟随机算法相仿，但是计算主机在指定的可用域内随机选择；③简单算法：这种方法选择负载最小的主机进行实例。负载信息可以通过负载均衡器获得。

（2）Nova工作流程。Nova-API对外统一提供标准化接口，各个模块，如计算资源、存储资源和网络资源子模块，通过相应的API接口服务对外提供服务。

（3）Nova物理部署方案。从功能上看，Nova平台有两类节点：控制节点和计算节点，其角色由安装的服务决定。控制节点包括网络控制Network、调度管理Scheduler、API服务、存储卷管理Nova-Volume等，计算节点主要提供Nova-Compute服务。节点之间使用AMQP作为通信总线，只要将AMQP消息写入特定的消息队列中，相关的服务就可以获取该消息进行处理。由于使用了消息总线，因此服务之间是位置透明的，可以将所有服务部署在同一台主机上，即All-in-One（一般用于测试），也可以根据业务需要，将其分开部署在不同的主机上。

用在生产环境Nova平台配置一般有三种类型：

1）最简配置。最简配置至少需要两个节点，除了Nova-Cotnpute外，所有服务都部署在一台主机里，这台主机进行各种控制管理，即控制节点。

2）标准配置。控制节点的服务可以分开在多个节点，标准的生产环境推荐使用至少4台主机来进一步细化职责。控制器、网络、卷和计算职责分别由一台主机担任。

3）高级配置。很多情况下（比如为了高可用性），需要把各种管理服务分别部署在不同主机（比如分别提供数据库集群服务、消息队列、镜像管理、网络控制等），形成更复杂的架构。

这种配置上的弹性得益于Nova选用AMQP作为消息传递技术，更准确地说，Nova服务使用远程过程调用（RPC）彼此进行沟通，AMQP代理位于任两个Nova服务之间，使它们以松耦合的方式进行通信。因此，不单API服务器可以和服务进行通信，服务之间也可以相互通信。

2.对象存储服务Swift

作为OpenStack开源云计算项目的项目分支，Swift是一个对象存储系统，不但扩展性很强，而且冗余性和持久性也很强悍。永久类型静态数据的长期储存主要采用对象储存。

Nova是Swift的初始中枢子项目，从Swift获得虚机镜像储存资源。建立在简便标准硬件储存基本配置上的Swift将统一性散列技术和数据冗余性嵌入基础程序，通过弱化部分数据的统一性来增强实用性和弹性，提供多租户模式、容器和对象读写操作技术支持，能够有效满足互联网应用场景中非结构化数据储存需求。RAID（磁盘冗余阵列）对Swift运行的作用不大。

（1）Swift特点。

①数据持久性超强。信息资源储存在系统后，可以稳健保留较长时间即为数据持久性。

②系统结构百分之百对等。Swift的节点全部都能百分之百对称，使得系统维护和管理投入大幅减少。

③扩展空间无限制。扩展性主要是指信息资源储存空间可以极大扩充和直线型提高Swift性能。凭借百分之百对等的结构优势，Swift只需要单纯地增添设备即可实现扩容。信息资源将由系统自动完成迁移，并均衡每个储存点现状。

④不存在单点隐患。Swift完全采用均匀随机分散方式储存元数据，同时对元数据进行备份保存。整体Swift集群中不存在单点信息，同时结构和设计方式都对无单点业务提供有效保障。

⑤简易可靠。成熟的结构、规整的代码、易懂的实现方式都充分诠释了Swift的简易，它摒弃复杂难懂的分布式存储理论，运用简单易懂的原理。此外，通过实践检验、解析论

证，用户可以在核心储存项目上毫无顾虑地使用Swift，即使Swift出现故障，也可以凭借日志、阅读代码快速顺利处理，这就是Swift的可靠性。

（2）Swift重要组件。

Swift的结构设计主要采用百分百对等和资源均匀随机分布方式，使得所有组件都具有很强的扩展性，从而规避了单点失效损害系统整体运行的隐患；通信方式运用非阻塞式I/O模式，大幅增强了程序吞吐和应变性能。

Swift组件如下：

①代理服务：依据索引环数据查询服务地址，并向对应的账户、设备或对象服务转发用户诉求，向外部提供对象服务API，系统负载可以通过无状态的REST请求协议，横向延展后达到均衡状态。

②认证服务：访问核实用户的身份信息，并发放具有一定时效的对象访问令牌，核实访问令牌的有效保存期限至失效前。

③缓存服务：对象服务令牌、账户和设备的存在信息皆属于缓存内容范畴，对象自身信息不包含在内。缓存服务可使Swift运用Memcached集群支持缓存项目，同时将统一性散列算法用于缓存地址的分配。

④账户服务：服务于账户元数据和统计信息的聚合及所含容器列表的管理，同时，一个SQLite数据库存储对应的账户信息。

⑤容器服务：服务于容器元数据和统计信息的聚合及所含对象列表的管理，同时，一个SQLite数据库存储对应的容器信息。

⑥对象服务：服务于对象元数据和内容储存、管理，以文件的格式将各个对象内容保存于文件系统内，元数据的储存属性为文件，选择具有扩展属性兼容性的XES文件系统比较有利。

⑦复制服务：采用对比散列文件和高级水印方式，定期核实本地和远程保留的两份副本是否完全相符，一旦发现差异就会运用推式修正远程副本，远程文件拷贝工具raync是对象复制服务常常用于副本同步的方法，同时，被标注剔除的对象要保证已从文件系统中被剔除。

⑧更新服务：受过量运行负荷的限制无法进行对象信息及时更新时，此任务就会被列入本地文件系统更新任务排序中，待系统负载正常后依次进行非同步更新，比如新的对象建立完成后，对象列表未被服务器立即更新，此时容器的更新任务程序就会进入排队中，在系统恢复正常后，更新服务会依次处理更新任务。

⑨审计服务：审核对象、容器和账户信息的完备性，一旦出现比特级错误，将会立即隔离文件，同时拷贝其他完备副本掩盖本地已损坏副本，其他类别的差异会被日志记录在案。

⑩账户清理服务：将被标注为删除的账户及其所含有的全部容器、对象全部从系统中剔除。

⑪索引环：主要应用于记录储存对象物理位置之间的映射关系，是Swift的关键组件之一。

（3）Swift应用场景。Swifl提供的服务与Amazon S3相同，适用于许多应用场景。最典型的应用是作为网盘类产品的存储引擎，比如Dropbox背后使用的就是Amazon S3作为支持。

3.镜像服务Glance

OpenStack镜像服务Glance是一套虚拟机镜像查找及检索系统。它能够以三种形式加以配置：利用OpenStack对象存储机制来存储镜像；利用Amazon的简单存储解决方案（以下简称S3）移接存储信息；将S3存储与对象存储结合起来，作为S3访问的连接器。

（1）Glance作用。作为OpenStack的镜像服务，Glance主要应用于虚拟机镜像的注册、登录和查询。用户借助Glance服务提供的REST API，可以查询虚拟机镜像元数据和搜索的实际镜像。由镜像服务提供的虚拟机镜像在不同的位置予以储存，从简单的文件系统对象存储到类似OpenStack对象存储系统。

通过Glance，OpenStack的3个模块被连接成一个整体。Glance为Nova提供镜像的查找等操作，而Swift又为Glance提供了实际的存储服务，Swift可以看成Glance存储接口的一个具体实现。此外，Glance的存储接口还能支持S3等第三方商业组件。

（2）Glance基本架构。Glance的设计模式采用C/S架构模式，Client通过Glance提供的REST API与Glanced服务器（Server）程序进行通信，Glance的服务器程序通过网络端口监听，接收Client发送来的镜像操作请求。

Glance-API：接收REST API的请求，然后通过其他模块完成诸如镜像的查找、获取、上传、删除等操作，默认监听端口9292。

Glance-Registry于与MySQL数据库进行交互，存储或获取镜像的元数据；通过Glance-Registry，可以向数据库中写入或获取镜像的各种数据，Glance-Registry监听端口9191。

StoreAdapter：是一个存储的接口层，通过这个接口，Glance可以获取镜像。Image-eSlore支持的存储有Amazon的S3.OpenStack本身的Swift，本地文件存储和其他分布式存储。

第二节　云计算数据中心的创新应用

数据中心是全球协作的特定设备网络，用来在网络基础设施上传递、加速、展示、计算、存储数据信息。数据中心是一整套复杂的设施，不仅包括计算机系统和其他与之配套的设备（例如通信和存储系统），还包含冗余的数据通信连接、用境控制设备、监控设备以及各种安全装置。数据中心是上世界IT界的一大发明，标志着IT应用的规范化和组织化。

云计算数据中心是一种基于云计算架构，计算、存储及网络资源松耦合，完全虚拟化各种IT设备、模块化程度较高、自动化程度较高、具备较高绿色节能程度的新型数据中心。

一、云计算数据中心的优势、要素与特点

（一）云计算数据中心的优势

1.云计算数据中心的服务优化层面优势

云计算的引入，使数据中心突破服务类型，更注重数据的存储和计算能力的虚拟化、设备维护管理的综合化。云计算数据中心的服务分为三个板块JaaS、PaaS和SaaS，所提供的服务是从基础设施到业务基础平台再到应用层的连续的、整体的全套服务。

对比传统IDC，云计算数据中心增值服务是对传统IDC增值服务的升级，是云计算数据中心下，对传统IDC服务的升级版nIDC数据中心，将规模化的硬件服务器整合到虚拟端，为用户提供的是服务能力和IT效能，用户无须担心任何硬件设备的性能限制访问，可获得具备高扩展性和高可用的计算能力。

2.云计算数据中心的资源调度层面优势

云计算数据中心中涉及的计算资源、存储资源或者网络资源都是松耦合形式的。数据中心管理人员可以对资源的消耗数量进行分析，通过消耗资源的具体比例做出资源配置的调整。数据中心可以通过资源配置的调整展开灵活的数据中心管理，而且资源调整可以让资源优化配置，也可以让资源更符合用户提出的需求。

云计算数据中心具备的模块化扩展功能有效处理了IDC向外扩容艰难的问题，云计算数据中心能够在提供稳定电力、稳定总体空间的状态下，将单机架的容纳能力提升到一定水平或者将PUE降低，以此来实现扩容。云计算数据中心具备的这一能力非常适合土地资源紧张或者电力资源紧张的地区。

传统IDC借助自身的硬件服务器能够开展一定的整合。举例来说，一个实体服务器的性能可以同时被其他的虚拟机器共用。但是，共用和分享会受到单台实体服务器自身资源规模的限制和影响。相比之下，云计算数据中心能够展开更大范围的整合。比如说，云计算数据中心可以开展跨实体服务器、跨数据中心的整合。将单台实体服务器和云计算数据中心对比可以发现，二者存在速度、规模等方面的差异，而且，相比之下，云计算数据中心占有更大的优势，可以快速地对资源进行分配，加速资源的使用，并且避免资源被闲置浪费。

3.云计算数据中心的效率提高层面优势

云计算数据中心注重和IT系统协同开展工作，以此来实现数据中心工作效率的有效提升，尽可能做到以最低的成本追求最高的效率。云计算数据中心的资源运用方式相对灵活，使用的技术更加新颖。云服务商借助资源和技术两方面的优势，创新了资源的使用方式。经过创新之后，平台有了更高的运作效率。

云计算数据中心的成立让用户不必过多地关注设备管理、设备运行，用户可以将更多的注意力放在内部业务的设计创新以及开发方面。云服务商可以为用户提供稳定有效的平台。

除此之外，通过对比可以发现云计算数据中心已经基本实现了服务器虚拟化、存储虚拟化。但是，传统数据中心明显没有达到这一水平。所以，对比之下，云计算数据中心可以提供更高的设备利用效率，在满负荷情况下，利用效率的提升可以达到60%。

云计算数据中心在实施自动化管理之后，只需要少量的工作人员就可以对数据中心进行智能管理，这种高度智能管理可以让数据中心花费更少的人工成本发挥更高的服务效率。

综合来看，安全策略、自动化技术、虚拟化技术等方式有效解决了之前数据中心发展过程中的突出问题，既避免了成本的快速增加，也避免了能源的过度消耗。与此同时，还借助标准模块动态自主的架构方式快速向用户提供需要的资源服务。

（二）云计算数据中心的要素

（1）虚拟化存储程度。云计算数据中心涉及服务器网络以及存储等方面的虚拟化，为用户资源的获取提供了方便。

（2）网络资源存储计算等方面的松耦合程度。用户可以选择任意资源，没有必要完全按照运营商提供的套餐购买服务。

（3）模块化程度。云计算数据中心软件、硬件、机房等区域都进行了模块化处理。

（4）自动化管理程度。云计算数据中心的机房可以对相关服务器展开自动管理，也可以自动对客户使用的服务进行收费。

（5）绿色节能程度，真正的云计算数据中心在各方面符合绿色节能标准，一般数据中心总设备能耗/IT设备能耗值不超过1.5。

云计算数据中心借助分布式计算机系统，在此基础上使用互联网、通信网络加强自身的传输能力。云计算数据中心除了为用户提供虚拟形式的资源之外，也会提供公共信息。大规模的云计算数据中心最重要的任务是对分布式计算机进行集中管理，实现资源的虚拟化、数据的自动化。大型云计算数据中心会根据用户提出的资源需求为用户提供配置IT资源，并且动态地调配资源，始终让负载处于平衡状态。云计算数据中心管理员可以部署软件、可以控制平台安全，还可以管理数据。总的来看，云计算数据中心与数据管理作为辅助为用户提供全面的信息服务。

云计算数据中心使用的服务模式为用户提供了极大的便利，用户不需要思考如何进行资源调度，不需要考虑实际的存储容量，也不需要了解数据存储在哪个位置，不需要考虑系统安全性。用户只需要对使用的服务付费即可。云计算数据中心最突出的优势是可以根据用户需要拓展调节软件能力、硬件能力，这样用户可以获取更大的数据存储空间，也能够获得无限的数据计算能力。

（三）云计算数据中心的特点

（1）快速扩展按需调拨。云计算数据中心应能够实现资源的按需扩展。在云计算数据中心，所有的服务器、存储设备、网络均可通过虚拟化技术形成虚拟共享资源池。根据已确定的业务应用需求和服务级别并通过监控服务质量，实现动态配置、定购、供应、调整虚拟资源，实现虚拟资源供应的自动化，获得基础设施资源利用的快速扩展和按需调拨能力。

（2）自动化远程管理。云计算数据中心可以实现全天候的远程管理，远程管理大多数依靠的是自动运营。云计算数据中心可以自动检测设备的工作状态，自动维修硬件故障。除此之外，云计算数据中心还可以对统一服务器应用端以及存储等过程进行管理。云计算数据中心还支持通过远程控制的方式管理数据中心的门禁系统、温度系统、通风系统、电力系统。

（3）模块化设计。在规模比较大的云计算数据中心当中，经常会出现模块化设计。使用模块化设计最大的优点在于能够实现数据的快速部署，可以进行较大范围的服务拓展，并且能够提升数据利用率，灵活地进行数据移动，降低成本。相比之下，传统数据中心建设时间更长，投入的成本更大，而且对资源的消耗过高。

（4）绿色低碳运营。"云计算数据中心是重要的电力用户，其消耗电量随着互联网发展和国家数字化建设快速增加，对数据中心进行能量管理和优化是绿色经济必然要求。"①因此，云计算数据中心通过先进的供电和散热技术，实现供电、散热和计算资源的无缝集成和管理，从而降低运营维护成本，实现低PUE值的绿色低碳运营。

二、云计算数据中心的关键技术

（一）虚拟化技术及应用

虚拟化技术可以应用在很多方面，当应用的虚拟化技术所属类型不同时，虚拟化技术对系统性的问题的处理方式、处理角度也会有所差异。

第一，服务器虚拟化。服务器虚拟化可以快速有效动态地处理服务器资源，避免系统工作的复杂性，可以让设备处于有序扩展状态，极大地节约运营成本。

第二，存储虚拟化。存储虚拟化指的是将资源进行集中处理，统一让资源存储在资源池中，整合处理可以直接实现数据迁移，系统可以动态进行数据分配、数据转移。

第三，网络虚拟化。网络虚拟化指的是将物理网络节点进行虚拟化处理，生成更多的节点，同时对交换机进行处理，让多个交换机变成虚拟的一台交换机，这样连接数量会有所增加，网络就会变得更加简单。

第四，应用虚拟化。应用虚拟化会动态进行资源配置，让资源在最适合的地方发挥作用。经过虚拟化处理的应用，实现更强的可用性、更强的性能。

云计算数据中心在掌握并且运用了以上提到的虚拟化技术之后，真正做到了全系统虚拟化，真正实现了资源的统一管理、统一监控、统一调度。云计算数据中心可以在不对物理资源扩展的基础上，将分散形式的物理资源进行整合，让物理资源变成虚拟资源。并且，能够让虚拟资源保持高效运行状态，充分发挥资源本身的利用价值。

（二）海量数据的存储、处理和访问

分布式海量数据存储系统包括的子系统有两个，一个是处理结构化数据使用的分布式数据库；另一个是处理非结构化数据使用的分布式文件存储系统。除此之外，还会加入一些和产品存储数据金融有关的工具。工具的加入可以保证数据实现存储、复制、粘贴以及迁移。

（三）弹性伸缩和动态调配

弹性伸缩，是根据用户的业务需求和策略，自动调整弹性计算资源的管理服务。弹性伸缩不仅适合业务量不断波动的应用程序，也适合业务量稳定的应用程序。

① 闫龙川，白东霞，刘万涛，等.人工智能技术在云计算数据中心能量管理中的应用与展望[J].中国电机工程学报，2019，39（01）：31.

动态调配指的是结合用户提出的需求自动处理计算资源，自动分配管理计算资源。动态调配可以保证资源得到优化利用，而且方便使用者，不需要使用者开展相关的操作。

理解弹性。伸缩时可以考虑两个方面：首先，纵向方向的伸缩，指的是将资源加入一个逻辑单元当中，以此提升处理能力；其次，横向方向的伸缩，指的是加大逻辑单元资源数量，并且将所有的资源整合在相同单元内。

（四）高效、可靠的数据传输交换和事件处理

对于云计算数据中心来讲，消息的传输、数据的转换都需要依赖数据传输交换和事件处理系统，该系统是信息转换的重要枢纽，可以借助组播协议以及TCP实现速度的提升、可靠性的提高。除此之外，它还可以吸纳其他协议的优点。

数据传输交换和事件处理系统可以有效控制不同组件之间展开的数据交流、数据共享、数据沟通。系统的控制可以让数据交流、数据转换更安全、更可靠。在设计时，应该注重使用多种数据连接方式。比如说，点对点的数据连接、点对多的数据连接方式。

（五）智能化管理监控

智能管理监控系统和事件驱动机制之间的配合可以加强自动化管理力度，可以帮助大规模的计算机集群管理。智能管理监控系统除了会自动部署服务器中的软件，自动对软件进行升级优化配置、优化管理之外，还会监控环境变化、用户需求变化以及其他不正常情况。并且，自动根据用户需求调动资源。可以说智能管理监控系统真正做到了不同硬件、不同软件之间数据资源的自动化管理、数据的实时传输。

（六）并行计算框架

并行计算框架需要依托大规模服务器集群作为基本前提，在此基础上去设计完整的、整体化的网格计算框架。网格计算框架的形成可以保证不同节点之间协同开展工作。借助于网络计算框架，IT基础设施也可以由分散状态变成整合状态，云计算数据中心也能展现出更强的计算能力、数据处理能力。

系统可以按照任务提出的要求分析相关数据，自主展开计算，自主进行复杂工作的处理。比如说处理IT问题、分析日志、分析经营状况、分析商业发展状况。

（七）多租赁与按需计费

多租赁指的是借助SLA手段对系统性能、系统安全性自主设定，以此让系统更好地满足用户提出的实际业务需求。通过自主设置，系统可以有针对性地提供资源。从用户的角度来看，可以根据自己的使用目的获得各种各样形态的针对性服务。

根据需求计费指的是监控管理机制可以给出用户的操作信息以及用户对资源的运用情况，系统根据用户对资源的运用情况进行费用计算。从用户的角度来看，可以节约很多建设和运维方面的成本。

三、云计算数据中心的实施过程

云计算数据中心真正实施之前，必须仔细评估，从整体角度做规划，确定云计算数据中心要使用的管理模式，整体考虑数据中心未来的运营方向。只有这样，云计算数据中心才能真正发挥自身的作用。综合分析云计算数据中心用户提出的需求并且考虑具体实施经验后，可以对云计算数据中心的具体实施进行阶段划分。具体来讲，可以划分成以下几个阶段：

第一，规划阶段。规划阶段应该把云计算中心的建设看成战略问题，从整体角度进行分析和规划，确定云计算中心建设的目标、从事的主要内容、负责的具体业务。

第二，准备阶段。准备阶段需要设计者考虑到行业特性，调查用户对云计算数据中心提出了哪些方面的服务需求，在此基础上，评估云计算平台，设计科学的技术架构。除此之外，还要分析系统在迁移以及拓展方面的操作程度。

第三，实施阶段。云计算数据中心以资源虚拟化作为发展基础和发展前提，所以具体实施过程中必须构建虚拟化平台。平台的构建可以更好地满足用户提出的服务需求，也可以更安全、稳定、有效、灵活地开展各项服务。

第四，深化阶段。平台架构完成之后，还需要对资源调度资源分配，进行自动化处理。该阶段需要深入全面地开展管理做好自助服务。

第五，应用和管理阶段。云计算本身就是开放的，所以云计算平台也应该有更大的兼容性。云计算的基础架构应该稳定发挥核心支撑作用，在移入其他的应用过程中，除了要兼容应用本身之外，云计算数据中心还应该满足其他新要求。而且，云计算平台属于闭环平台，因此，必须持续注重平台的创新。

在对云计算基础设施进行创新的过程中，需要思考云计算数据中心建设要使用到哪些成本优势。一般情况下，云计算数据中心建设涉及的IT设备需要定制处理、统一处理。所以，成本相对较高。

除此之外，云计算管理系统建设虚拟化软件建设要历经一定的建设周期，在这样的情况下，需要消耗时间成本，需要花费时间对软件对管理系统进行调试。

综合来看，在建立新一代云计算基础设施的过程中，应该把云计算数据中心建设所追求的高效率、低成本、灵活服务当成建设目标，然后分阶段分步骤地建设。在社会科学技术不断升级的过程中，云计算数据中心使用的架构也需要跟随时代发展角度作出调整和完善。

四、云计算数据中心的体系框架

云计算想要提升自身的数据处理能力，需要注重基础设施的优化。云计算应该使用高端服务器，使用存储量更大的设备，使用性能更好的计算设备。只有基础设施达到一定的要求，云计算目标才能实现。具体来讲，基础设施应该有较好的弹性，应该支持虚拟化、自动化，支持数据移动、节省空间、拓展空间。

（一）云计算数据中心的总体架构

云计算数据中心主要涉及两个部分：一个是云计算平台；另一个是云计算服务。

云计算平台是核心支撑，云计算技术体系需要依托平台才能发挥作用。云计算平台以数据作为基础，在此基础上，结合虚拟化手段、调度技术手段构建计算资源池，以此整合网络当中分散形式的服务器集群、存储群。

云计算数据中心发挥功能时的外在表现就是人们所说的云计算服务。云计算服务包括用户可以使用的应用软件服务、计算资源服务以及系统平台服务。用户并不需要提前对服务进行投资，只需要根据自身的需要租用服务。这种服务获取方式非常简单，使用起来非常安全稳定，不同的用户可以根据自身需要的不同获取个性化服务支持。

（二）云计算的机房架构

为了应对云计算、虚拟化、集中化、高密化等服务器发展的趋势，云计算机房采用标准化、模块化设计理念，最大限度地降低基础设施对机房环境的影响。模块化机房集成了供配电、制冷机柜、气流遏制、综合布线、动环监控等子系统，提高了数据中心的整体运营效率，能实现快速部署、弹性扩展和绿色节能。

模块化机房能满足IT业务部门，对未来数据中心基础设施建设的迫切需求。模块化机房主要涉及集装箱模块、楼宇模块两部分。集装箱模块化机房适合在室外没有机房的情况下使用。借助集装箱模块化机房，建设方可以有效缓解自身在地质选择以及机房建设方面的压力，并且可以缩短建筑的建设周期。除此之外，集装箱模块化机房的消耗也非常低，和传统机房相比，它的消耗仅仅是传统机房的一半，并且可以在沙漠、寒冷地区、炎热地区等非常极端的环境中应用。楼宇模块化机房一般应用在比较大型的数据中心，能够做到精准送风并且使用了非常先进的制冷技术。

（三）云计算主机系统的架构

云计算可以将计算力量集中起来，从云计算数据中心提供的计算服务类型可以看出云计算数据中心使用的基本硬件架构。从用户需求角度进行分析，可以发现云计算数据中心的服务系统主要使用了三层架构：

第一，稳定、可以拆卸、性能比较高的高端计算。高端计算主要涉及以下服务：对外数据库服务、挖掘商务智能数据服务、账户服务、计算服务。

第二，适合大多数普通应用的通用性计算。该服务可以以较低的成本为用户提供计算解决方案，通用型计算不要求硬件达到较高的水平。通常情况下，使用的是成本比较低密度比较高的集成服务器，因此，可以节约运营中心以及用户使用服务的成本。

第三，提供针对科学、生物等方面工程的高性能计算。高性能计算的计算能力可以达到百万亿级别或者千万亿级别，高性能计算以高性能集群作为硬件基础。

（四）云计算网络系统的架构

在进行网络系统规划时，应该从整体上始终坚持层次化设计、区域化设计以及模块化设计的基本理念，才能确定更加清晰明了的网络层次和系统功能。

根据业务性质或者网络设备的具体功能，可以对云计算数据中心网络进行规划划分：

第一，根据数据的等保级别进行划分。举例来说，不应该在一个网络全域当中同时纳入信息安全等级保护二级和三级的数据信息，在面对不同等级的信息时，应该运用差异化的安全策略，更好地保护数据。

第二，根据云计算数据中心用户类别的不同可以对网络系统进行划分，将其分成公共服务网区域、业务专网区域、内部核心网区域以及VPN安全接入区域。

第三，根据网络层次结构使用的设备作用进行分类，可以将网络系统划分成接入层、汇聚层以及核心层三个部分。

第四，考虑到不同应用业务本身的独立性，不同业务之间关联的构建以及不同业务的安全隔离需要等方面的要求，可以对网络系统的逻辑展开分类，将网络系统划分成托管区域、前置区域、存储区域、应用业务区域、系统管理区域、内部网络接入区域以及外联网络接入区域。

除此之外，还存在一个叫做Fabric的网络架构，它和传统网络架构存在不同之处。传统网络架构在部署云计算之后还要面临网络延迟的影响，在这样的情况下，数据中心更需要延迟时间比较短的服务器。由此，网络架构需要从扁平化的角度出发深入发展。网络架构的扁平化发展主要是为了尽可能减少信息传输要经过的网络架构数目。Fabric网络架构和传统网络架构之间最明显的区别是Fabric网络架构没有网络层级，它直接运用阵列技术创造扁平化的网络。扁平化网络的出现让原本传统网络架构的三层结构变成了一层，在只有一层网络结构的情况下，两点之间就可以任意连接，有效解决了信息传递数据传播的延迟问题。但是，Fabric还没有形成统一标准，在未来的发展过程中依旧要进行更多的实践运用、实践探索。

（五）云计算存储系统的架构

云计算机进行数据存储使用的是统一的存储方式，云计算平台需要认真考虑如何进行数据存储，并且要考虑如何进行数据分配。想要做到数据的统一存储需要依托以下两个方式：首先，运用集群文件系统进行数据统一存储；其次，依赖块设备存储区域网络SAN系统。

GFS属于分布式文件系统，该系统需要依托Linux操作系统的普通PC构成的集群系统。整体来看，该系统主要由两部分构成，一个是主机，另一个是块服务器。可以使用的SAN连接方式有很多：首先，运用光纤网络连接，如果场所要求性能达到较高水平，要求连接可靠，那么可以使用光纤网络；其次，可以运用以太网连接，以太网可以在普通局域网当中运行，使用以太网可以节约成本。在运用SAN网络之后，很多数据都是从该网络传输。在这样的情况下，局域网只需要负责自身和服务器之间的数据通信即可。在负责不同的工作内容之后，存储设备局域网资源以及服务器都能够发挥更大的效用。存储系统可以高速运行，更加稳定、更加可靠。

（六）云计算应用平台的架构

云计算应用平台主要负责平台应用系统运行以及平台部署的相关工作，应用平台可以为平台提供运行需要的基础设施资源。有了云计算应用平台，开发人员不需要将注意力集中在底层硬件以及基础设施方面。开发人员可以直接提出需求，从应用系统当中搜寻需要的资源。具体来讲，应用平台应该包括以下几种功能架构：

第一，应用运行环境。涉及以下内容：底层网络环境、多种类型的数据存储、中间件平台、WEB前端、分布式运行环境、动态资源伸缩。

第二，应用全生命周期支持。具体来讲，涉及以下内容：提供JAVA开发、IOS等流程化环境、SDK、加快应用开发、应用测试以及应用部署。

第三，公共服务。公共服务的提供使用的是API形式，具体来讲，包括有存储服务、队列服务以及缓存服务。

第四，管理监控以及计量。具体来讲包括的内容有：提供资源池、提供应用系统的管理功能以及监控功能，准确精细地计量应用使用消耗的计算资源。

第五，基础以及复合应用构建能力。具体来讲，它提供的服务有提供运行环境、提供连通性服务、提供重组服务、提供消息服务、提供整合服务。

总的来看，云计算之所以被人们叫做云计算，是因为它体现和云有关的相关特征。举例来说，云在一般情况下比较大，可以动态变化，而且没有具体的边际。这三个特征和云计算的特征完全吻合。云计算可以为用户提供动态服务，在外界环境不断变化、技术不断升级的过程中，云计算数据中心也会进行架构调整、架构完善。

结束语

　　在新的发展背景下，计算机应用技术手段日益丰富，诸如网络技术、云计算技术、大数据技术等成为非常常见的应用技术。当前，随着网络技术应用不断推进，针对计算机信息的发展随之也发生了较大转变，各个领域信息数据及规模都在不断上升，面对这种形势，对云计算技术的要求也越来越高，必须具有较大的转变途径和最快的创新速度才能够改善当前的应用趋势。

　　网络技术和计算机技术是推动社会发展的重要支撑技术。在这些技术的应用下，生产效率能得到大幅提升，云计算技术在当前我国改革领域的发展中都得到了应用。

参考文献

1.著作类

[1] 李兆延，罗智，易明升.云计算导论[M].北京：航空工业出版社，2020.

[2] 苏琳，胡洋，金蓉.云计算导论[M].北京：中国铁道出版社，2020.

[3] 王庆喜，陈小明，王丁磊.云计算导论[M].北京：中国铁道出版社，2018.

[4] 章瑞.云计算[M].重庆：重庆大学出版社，2019.

2.期刊类

[1] 陈凯麟.云计算技术环境下中小企业的管理创新探讨[J].中国商贸，2014（31）：44-44，46.

[2] 程伟，钱晓明，李世卫，等.时空遥感云计算平台PIE-Engine Studio的研究与应用[J].遥感学报，2022，26（2）：335-347.

[3] 邓桦，宋甫元，付玲，等.云计算环境下数据安全与隐私保护研究综述[J].湖南大学学报（自然科学版），2022，49（4）：1-10.

[4] 邓一星，蔡沂，王文翰.云计算技术下大规模用户密码安全认证算法[J].计算机仿真，2022，39（2）：141-144.

[5] 董萍.基于深度学习的云计算虚拟机分类算法[J].西南师范大学学报（自然科学版），2021，46（5）：110-114.

[6] 段敏慧，姜瑛.云计算环境下服务故障模型动态建立[J].小型微型计算机系统，2022，43（4）：889-896.

[7] 顾洁，胡雯，马双.云计算产业空间格局、集聚模式与创新效应研究[J].科学学研究，2022，40（04）：619-631.

[8] 滑翔.基于云计算技术设计网络安全储存系统[J].电子技术应用，2016，42（11）：106-107，111.

[9] 姜茸，马自飞，李彤，等.云计算技术安全风险评估研究[J].电子技术应用，2015，41（3）：111-115.

[10] 李冰，李双双.基于云计算技术的我国企业管理创新研究[J].中国商贸，2015（7）：33-34.

[11] 李成功，辛晓娜，裘小晨，等.基于云计算技术的新一代空管信息系统架构研究[J].计算机应用与软件，2017，34（7）：61-65.

[12] 李辉.基于云计算技术的网络数据采集传输仿真[J].计算机仿真，2020，37（6）：152-155，456.

[13] 李建江，崔健，王聃，等.Map Reduce并行编程模型研究综述[J].电子学报，2011，39（11）：2635.

[14] 李貌.基于公有云的中小企业获客系统设计与实现[J].信息系统工程，2021（2）：27-29.

[15] 李雪梅，马文辉，张春庆，等.网络系统中云计算大数据算法分析[J].中国科技信息，2022（09）：80.

[16] 林少煌.云计算技术应用下的企业风险应对探析——从企业内部控制角度[J].财务与会计，2013（12）：52-54.

[17] 刘建鑫.智能化媒体发展的引擎——基于大数据和云计算技术的应用观察[J].青年记者，2018（1）：50-51.

[18] 刘介明，赵婷微，杨雨佳.我国云计算技术专利保护面临的挑战及其对策[J].武汉理工大学学报（社会科学版），2019，32（5）：104-109.

[19] 刘云浩，杨启凡，李振华.云计算应用服务开发环境：从代码逻辑到数据流图[J].中国科学（信息科学），2019，49（9）：1119-1137.

[20] 卢峰，吴朝文，陈小龙，等.基于云计算的电力能源大数据清洗模型构建[J].自动化仪表，2022，43（1）：72-76.

[21] 马钦，赵新光，陈昕，等.基于云计算和RFID的科技创新仪器管理平台构建[J].实验室研究与探索，2017，36（3）：287-290.

[22] 聂雨霏.服务器虚拟化技术与安全[J].数字技术与应用，2022，40（04）：230.

[23] 秦润锋，樊勇兵，唐宏，等.开源云计算管理平台技术在电信运营商私有云建设中的应用研究[J].电信科学，2011，27（10）：24-29.

[24] 邵明星.企业用户云计算技术采纳的影响因素[J].中国科技论坛，2016（1）：99-105.

[25] 孙蕾.云计算下企业全面预算管理信息化构建探讨[J].财会通讯，2022（2）：172-176.

[26] 孙丽，高向玉.基于云计算技术的大规模网络入侵检测[J].内蒙古师范大学学报（自然科学汉文版），2017，46（6）：884-887，892.

[27] 塔娜.基于云计算技术的大规模数据聚类分析[J].现代电子技术，2020，43（15）：123-126.

[28] 覃国孙.一种虚拟化云管理平台的设计与实现[J].企业科技与发展，2017（04）：30.

[29] 王翔，潘郁.基于云计算的协同技术创新平台[J].计算机工程与应用，2011，47（15）：57-60，82.

[30] 王银辉.基于云计算视野的商业模式创新性研究[J].现代商业，2016（27）：137-138.

[31] 吴伟娜，周会会，王文华.云计算技术背景下实验室的建设与管理实践[J].实验技术与管理，2021，38（1）：235-238.

[32] 夏靖波，韦泽鲲，付凯，等.云计算中Hadoop技术研究与应用综述[J].计算机科学，2016，43（11）：6-11，48.

[33] 谢显杰.基于OpenStack的私有云平台构建研究[J].信息与电脑（理论版），2022，34（05）：88.

[34] 许涛，宫胜，康金龙.虚拟化技术在云计算中的实践运用[J].互联网周刊，2022（10）：62.

[35] 闫凯，陈慧敏，付东杰，等.遥感云计算平台相关文献计量可视化分析[J].遥感学报，2022，26（2）：310-323.

[36] 闫龙川，白东霞，刘万涛，等.人工智能技术在云计算数据中心能量管理中的应用与展望[J].中国电机工程学报，2019，39（01）：31.

[37] 余江，万劲波，张越.推动中国云计算技术与产业创新发展的战略思考[J].中国科学院院刊，2015，30（2）：181-186.

[38] 张金龙，员青泽.一种云计算系统信任度访问控制方法仿真[J].计算机仿真，2022，39（2）：472-475，486.

[39] 张露，尚艳玲.基于数据分区的云计算高维数据均衡分流[J].济南大学学报（自然科学版），2022，36（1）：74-79.

[40] 张亚明，刘海鸥.协同创新驱动的云计算服务模式与战略[J].中国科技论坛，2013，（10）：105-111.

[41] 张勇，郭骏，刘金波，等.调控云平台IaaS层技术架构设计和关键技术[J].电力系统自动化，2021，45（02）：114-121.

[42] 周栋.信创混合云管理平台的设计与实现[J].信息系统工程，2022（03）：52.

[43] 周悦芝，张迪.近端云计算：后云计算时代的机遇与挑战[J].计算机学报，2019，42（04）：677-700.

[44] 邹震.云计算安全研究[J].中国设备工程，2019（16）：229-230.